JN026333

シリーズ[物理数学20話]

複素関数 20話

井田大輔 著
Daisuke Ida

20 Tales from Physical Mathematics
complex functions

朝倉書店

は じ め に

高校までの数学で，複素数の演算や複素平面について習うことになっています．数の範囲を実数から複素数に拡張すると，2 次方程式の解がいつでも書き表せることを学びました．虚数単位 $i = \sqrt{-1}$ を付け加えるだけのことでしたが，$(\cos x + i \sin x)^n = \cos nx + i \sin nx$ などの公式に初めて出会うとき，なぜこんなことが成り立つのだろうかと，不思議に思うでしょう．

虚数単位 i が導入されるときはよく，現実には存在しない数だ，と異口同音に説明されます．現実の世界でおこることを言語化するとき，特に物理的な現象の場合に，関わっている状況を数に対応させます．そのときに対応させる数のことを，現実の世界の数といっているのだとすると，数が実在するという感覚は，世界を認識して言語化する個人の経験からくるものです．理工系の学部学生にとって，そういった意味では，複素数は実在する数と捉えられるべきものです．

本書では，特徴的な演算規則をもつ数の体系としての代数的な側面に着目して，複素数を見直すことからはじめます．学部では，より積極的に複素数を使うことになります．バネの運動や交流回路の問題で，力学変数を複素数まで拡張して扱うと，要領よく計算を行うことができ，複素数が便利な道具だと感じられます．

複素数は単に便利なものというだけではありません．電子や原子核の振る舞いを予言する量子力学では，状態や物理量を表すのに複素数を必要とします．量子力学は，自然法則の中でも，最も上のレベルにある包括的な基本法則です．つまり，この世界は複素数によって記述されます．

複素数，というより複素関数論が，理工系の学問を習得するのに必要な道具だというのは確かなことです．第 1 関門は，正則関数のコーシー・リーマンの関係式，それからコーシーの積分定理といったところにあります．これだけで，かなり広い範囲で応用に役立ちます．特に高校数学では習わなかった色々な定積分が計算できるようになるでしょう．

　複素関数論では主に正則関数という微分可能な関数を扱うことになります. 正則関数の理論は通常の微分可能な実関数と比べればすっきりした箱庭のようなものに思えてきます. つまり, 思ったほど複雑で泥臭いようなものではありません.

　本書では, コーシーの積分定理に至るのに必要な道具をゆっくりと少しずつ揃えながら, 正則関数の姿を描いていきたいと思います. その山を越えた後は, 解析接続や写像定理などの, 興味深い話題に触れ, 理工学への典型的な応用についてお話したいと思います. 必要なことはおさえつつ, 面白そうな話題について, 考え方が伝わるように工夫したつもりです. 少しでも複素関数の世界を楽しんでもらえれば幸いです.

　　2023 年 9 月

　　　　　　　　　　　　　　　　　　　　　　　　　　　　井 田 大 輔

目　　次

1話

複　素　数

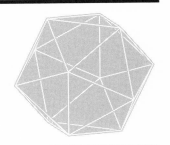

　数の体系というのは，足し算や掛け算といった，演算を備えたもののことで，その中でも複素数の体系について学んでいきます．その前に，基本的な数の体系についてみておきましょう．それらと比較してみると，複素数がどのようなものか少しわかるようになります．

　一般に演算というのは，何らかの集合に備えつけられた構造で，集合 X の演算 P とは，写像

$$P : X \times X \to X ; (a,b) \mapsto P(a,b)$$

のことです．実数の加法 $+$ と乗法 $\times$ も演算の具体例になっています．ただし，普通は「$+(a,b)$」ではなく，「$a+b$」と書きますし，「$\times(a,b)$」のかわりに「$a \times b$」または単に「ab」と書く習慣があります．

　演算の中でも，任意の $a,b,c \in X$ に対して

$$P(a, P(b,c)) = P(P(a,b), c)$$

をみたすものは，結合的だといいます．実数の加法や乗法も結合的です．結合的な演算を備えた集合を，半群といいます．

　半群 X の元 e で，すべての $a \in X$ に対して

$$P(e,a) = P(a,e) = a$$

をみたすものを，X の演算 P に関する単位元といいます．実数の加法の単位元は 0，乗法の単位元は 1 です．単位元をもつ半群のことをモノイドといいます．実数は，加法に関しても乗法に関してもモノイドです．

　モノイド X の元 a に対して，

$$P(a,b) = P(b,a) = e$$

をみたす $b \in X$ があれば, それを a の逆元といい, b のかわりに a^{-1} と書きます. ただし, 実数の加法に関しては a の逆元を「$-a$」と書きます. 逆元をもつ X の元は単元だといいます. すべての元が単元となっているモノイドを群といいます. 実数は, 加法に関しては群ですが, 乗法に関しては群ではなく, モノイドどまりです. それは, 0 が乗法に関しては単元ではないからです.

群 X が, すべての $a, b \in X$ に対して

$$P(a, b) = P(b, a)$$

をみたすとき, アーベル群だといいます. 実数は, 加法に関してアーベル群です. 実数の場合以外にも, 演算のことを加法とよぶ場合がありますが, アーベル群のときにしか加法というよび方はしません.

X は加法 $+ : (a, b) \mapsto a + b$ について群だとします. その他に別の演算 $\times : (a, b) \mapsto ab$ をもち, $\times$ に関してはモノイドだとします. $\times$ のことは乗法とよぶことにします. すべての $a, b, c \in X$ に対して

$$a(b + c) = ab + ac, \quad (a + b)c = ac + bc$$

が成り立つ性質のことを分配性といいます. X が分配性をもつとき, X は環だといいます. さらに, すべての $a, b \in X$ に対して

$$ab = ba$$

が成り立つとき, X は可換環だといいます.

整数全体の集合

$$\mathbb{Z} = \{0, \pm 1, \pm 2, \dots\}$$

は可換環になっています. 可換環としての $\mathbb{Z}$ のことを有理整数環といいます.

可換環 X の, 加法についての単位元を 0 と書きます. 0 ではない元 $a \in X$ がいつも単元のとき, X は体だといいます. 有理数全体の集合

$$\mathbb{Q} = \left\{ \frac{m}{n} \,\middle|\, m, n \in \mathbb{Z}, n \neq 0 \right\}$$

は体になっており, 体としての $\mathbb{Q}$ のことを有理数体とよびます. $\mathbb{Q}$ は加法について群で, 足し算 $a + b$ と引き算 $a - b = a + (-b)$ が定義されています. また, 乗法についてはモノイドで掛け算 ab が許されており, ゼロ以外で割る操作 $a/b = ab^{-1}$ も備わっています. 体というのは, 4 則演算が備わっている集合だ

といえます.

　$\mathbb{Q}$ に別の数を添加して, 少し大きな体を作ることもできます. $\mathbb{Q}$ にはない数 x を加えて, $Q' = \mathbb{Q} \cup \{x\}$ という集合を作ったとします. このままではこれは体にはなりませんが, Q' の元から 4 則演算を組み合わせて作られる数全体は, 体の構造をもちます. Q' の元から 4 則演算を組み合わせて作られる数は,

$$\frac{a_0 + a_1 x + a_2 x^2 + \cdots + a_m x^m}{b_0 + b_1 x + b_2 x^2 + \cdots + b_n x^n}$$

という形をしています. つまり, x の $\mathbb{Q}$ 係数の有理式全体は体になっています. このように構成されるものは, $\mathbb{Q}$ に x を添加してできる体だといい, $\mathbb{Q}(x)$ と書きます.

　$\mathbb{Q}$ に x を添加するとき, 関係式をいれることができます. 例えば, $x^2 = 2$ という関係式を考えましょう. すると, $x^3 = 2x$, $x^4 = 4$ などとすることにより, x の多項式はすべて 1 次式に直すことができるようになります. すると $\mathbb{Q}(x)$ の元は

$$\frac{a_0 + a_1 x}{b_0 + b_1 x}$$

という形に書けます. さらに,

$$(b_0 + b_1 x)(b_0 - b_1 x) = (b_0)^2 - 2(b_1)^2$$

に注意すれば, $\mathbb{Q}(x)$ の元は

$$\frac{a_0 + a_1 x}{b_0 + b_1 x} = \frac{(a_0 + a_1 x)(b_0 - b_1 x)}{(b_0 + b_1 x)(b_0 - b_1 x)} = \frac{a_0 b_0 - 2 a_1 b_1 + (a_1 b_0 - a_0 b_1) x}{(b_0)^2 - 2(b_1)^2}$$

と, x の 1 次式に書けることがわかります. したがって, $x^2 = 2$ という関係式のもとで,

$$\mathbb{Q}(x) = \{a + bx | a, b \in \mathbb{Q}\}$$

ということになります. x のかわりに $\sqrt{2}$ と書くと,

$$\mathbb{Q}(\sqrt{2}) = \{a + b\sqrt{2} | a, b \in \mathbb{Q}\}$$

です.

　実数全体の集合 $\mathbb{R}$ も実数体とよばれる体です. これに x を添加して新しい体を作ります. ただし, 関係式 $x^2 = -1$ をいれることにします. すると, $\mathbb{Q}(\sqrt{2})$ のときと同様に,

$$\mathbb{R}(x) = \{a + bx | a, b \in \mathbb{R}\}$$

が構成できます. x のことを i と書き, 虚数単位といいます. $\mathbb{C} = \mathbb{R}(i)$ を複素数体といいます. $\mathbb{C}$ の加法は

$$(a + bi) + (c + di) = (a + c) + (b + d)i$$

で, これについてはアーベル群になっています. また, $\mathbb{C}$ の乗法は

$$(a + bi)(c + di) = (ac - bd) + (ad + bc)i$$

で, これに関してはモノイドです. また, $a + bi \neq 0$ については

$$(a + bi)^{-1} = \frac{a - bi}{a^2 + b^2}$$

が乗法の逆元となっているので, $\mathbb{C}$ が体だと確認できます. 実数体 $\mathbb{R}$ に虚数単位 i を添加して新たな数の体系 $\mathbb{C}$ ができたことになります.

　$\mathbb{C}$ の元を複素数といいます. 複素数体 $\mathbb{C}$ は集合としては平面

$$\mathbb{R}^2 = \{(a, b) | a, b \in \mathbb{R}\}$$

と同じです. 複素数全体の集合のなすこの平面のことを, 複素平面とよびます.
　今までの話をまとめると, 次のようにいうことができます.

[定義]　複素数

$\mathbb{R}^2$ に加法と乗法を

$$(a, b) + (c, d) = (a + c, b + d),$$
$$(a, b)(c, d) = (ac - bd, ad + bc)$$

によってさだめたものを**複素数体** $\mathbb{C}$ という. $\mathbb{C}$ の元を**複素数**という.

その上で, (a, b) のことを $a + bi$ または $a + ib$ などとあらわします.
複素平面における基本的な操作を導入しておきます.

[定義]　実部と虚部

複素数 $\alpha = a + ib \ (a, b \in \mathbb{R})$ の実部を

$$\mathrm{Re}\,(\alpha) = a,$$

虚部を

$$\mathrm{Im}\,(\alpha) = b,$$

によって定義する.

ib のことを虚部といってもよいです. 本来はそちらのほうが正しいと思います. ただ, $\mathrm{Im}\,(\alpha)$ と書いたらそれはいつも実数です.

実数全体の集合 $\mathbb{R}$ は, 複素平面の直線になり, 実軸といいます. それに対して, $i\mathbb{R} = \{ib | b \in \mathbb{R}\}$ のなす複素平面上の直線を虚軸といいます.

次は, 複素共役という基本操作について.

[定義] 複素共役

複素数 $\alpha = a + ib\ (a, b \in \mathbb{R})$ の複素共役を

$$\overline{\alpha} = a - ib$$

によって定義する.

$\alpha \in \mathbb{C}$ とその複素共役 $\overline{\alpha}$ は実軸に関して鏡映の関係にあります. 特に

$$\overline{(\overline{\alpha})} = \alpha$$

です. 複素共役というのは, $\alpha \mapsto \overline{\alpha}$ という写像, つまり操作のことで, 複素共役による α の像のことを α の複素共役とよんでいると思えばよいです.

各複素数に, 以下のように非負の数を対応させます.

[定義] 絶対値

複素数 $\alpha = a + ib\ (a, b \in \mathbb{R})$ に

$$|\alpha| = \sqrt{\alpha \overline{\alpha}} = \sqrt{a^2 + b^2}$$

によって, 非負の数を対応させる. $|\alpha|$ を α の絶対値という.

$\alpha \in \mathbb{C}$ の絶対値は, 複素平面の原点 0 と α の間のユークリッド的な距離です.

複素数 $\alpha \neq 0$ と原点を結ぶ線分が複素平面の実軸の正の部分 $\{a \in \mathbb{R} | a \geq 0\}$ のなす半直線となす角のことを偏角といいます.

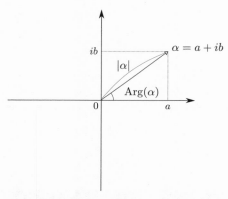

図 **1.1**　複素平面上の複素数 $\alpha = a + ib$ の表示.

［定義］　偏角

複素数 $\alpha \neq 0$ に対して

$$\frac{\alpha}{|\alpha|} = \cos\theta + i\sin\theta$$

をみたす実数 θ 全体のなす集合を, α の偏角といい $\arg\alpha$ と書く.

$\arg\alpha$ は $\{\theta + 2\pi m \in \mathbb{R} \mid m \in \mathbb{Z}\}$ という形にあらわされる集合になります. あるいは $\mathrm{mod}\ 2\pi$ で決まっている数だといってもよいです. α の偏角の代表値として, $[0, 2\pi)$ の範囲にとったものを, α の偏角の主値といい, $\mathrm{Arg}\,(\alpha)$ と書きます (図 1.1).

偏角の定義式の左辺は, 複素数 α をその絶対値で割ることによって絶対値が 1 の複素数になっています. 絶対値が 1 の複素数は, いつも $\cos\theta + i\sin\theta$ という形に書けるということに注意しておきましょう.

任意の複素数 $\alpha \neq 0$ は

$$\alpha = r(\cos\theta + i\sin\theta) \quad (r > 0, \theta \in \mathbb{R})$$

という形に書くことができます. これを複素数 α の極表示とよびます.

3 角関数は実数 θ に対して

$$\cos\theta = 1 - \frac{\theta^2}{2!} + \frac{\theta^4}{4!} - \cdots,$$
$$\sin\theta = \theta - \frac{\theta^3}{3!} + \frac{\theta^5}{5!} - \cdots,$$

と，べき級数で書くことができます．これらから，

$$\cos\theta + i\sin\theta = 1 + i\theta - \frac{\theta^2}{2!} - i\frac{\theta^3}{3!} + \frac{\theta^4}{4!} + i\frac{\theta^5}{5!} - \cdots$$
$$= 1 + i\theta + \frac{(i\theta)^2}{2!} + \frac{(i\theta)^3}{3!} + \frac{(i\theta)^4}{4!} + \frac{(i\theta)^5}{5!} + \cdots$$

という変形ができます．

これは，指数関数

$$e^x = 1 + x + \frac{x^2}{2!} + \frac{x^3}{3!} + \frac{x^4}{4!} + \frac{x^5}{5!} + \cdots$$

において，実数 x を複素数 $i\theta$ におきかえたものになっています．指数関数の定義域を複素数に拡張すると，

$$e^{i\theta} = \cos\theta + i\sin\theta$$

が成り立つことになります．一般に，級数で表示された実の関数を，定義域を複素数に拡張することにより複素変数の複素数値関数を作ることができます．そのような複素関数が複素関数論の対象になります．指数関数もそのうちの 1 つです．

$e^{i\theta}$ は，$\theta \in \mathbb{R}$ のときに絶対値が 1 の複素数をあらわします．一般に，$\alpha, \beta \in \mathbb{C}$ に対して

$$e^\alpha e^\beta = e^{\alpha+\beta}$$

が成り立つのは，複素関数の場合も同じです．

$\alpha \neq 0$ の極表示は

$$\alpha = |\alpha|e^{i\arg\alpha}$$

と書けますので，$\alpha\beta \neq 0$ のとき，

$$\alpha\beta = |\alpha||\beta|e^{i\arg\alpha + i\arg\beta}$$

となります．これから

$$|\alpha\beta| = |\alpha||\beta|,$$
$$\arg\alpha\beta = \arg\alpha + \arg\beta$$

です．これらの式は，複素数の積を幾何学的に捉えるのに役に立ちます．特に 2 つ目の式は 2 つの複素数の積の偏角が，それぞれの偏角の和となることをあらわしています．

2話

距離と位相

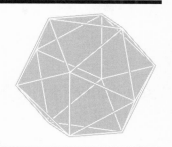

　第 1 話では複素数体 $\mathbb{C}$ について, 代数的な側面からみていきました. ここでは $\mathbb{C}$ の複素平面としての幾何学的な側面についてみていきます. 単なる点の集まりである集合で, 幾何学の議論をしたいときには, その集合に位相とよばれる構造を付け加えます. そうすると, さまざまな部分集合に対する幾何学的な概念が生じてきます. 位相というのは, 考えている集合のどの部分集合が開集合なのかをさだめる規則のことです. 位相構造は 1 つの集合に対して一意的に決まっているわけではないですが, 集合が距離空間のとき, つまり集合の任意の 2 点間の距離がさだまっている場合には, 距離の構造から自然に決まる位相構造があります. $\mathbb{R}^n$ にはユークリッド距離という距離構造による, 標準的な位相構造がはいります. $\mathbb{R}^n$ にユークリッド距離をさだめたものを n 次元ユークリッド空間とよびます. 複素平面 $\mathbb{C}$ は距離空間としては 2 次元ユークリッド空間として扱います. 以下では, 距離空間の位相についての一般的なことがらと並行して, n 次元ユークリッド空間の位相を議論します.

　まずは, 距離の構造とは何かについてです.

[定義] 距離空間

一般に集合 X 上の 2 点に実数を対応させる規則 $d : X \times X \to \mathbb{R}$ で,
- 任意の $p, q \in X$ に対して $d(p, q) = d(q, p)$ が成り立つ
- $p \neq q$ ならば $d(p, q) > 0$ が成り立つ
- 任意の $p \in X$ に対して $d(p, p) = 0$ が成り立つ
- 任意の $p, q, r \in X$ に対して 3 角不等式 $d(p, q) + d(q, r) \geq d(p, r)$ が成り立つ

ものを X 上の距離関数といい, 距離関数の備わった集合 X を距離空間と

いう.

　距離空間というのは, 基礎となる集合 X と, その上の距離関数 d とのペア (X, d) のことだと思えばよいです. $X = \mathbb{R}^n$ の場合, $x = (x_1, \ldots, x_n), y = (y_1, \ldots, y_n)$ の間の距離として

$$\|x - y\| = \sqrt{(x_1 - y_1)^2 + \cdots + (x_n - y_n)^2}$$

を採用することができます. これを $\mathbb{R}^n$ のユークリッド距離といいます.

　$X = \mathbb{C}$ の場合, 2 つの複素数 z_1, z_2 の間の距離は, 絶対値を用いて

$$d(z_1, z_2) = |z_1 - z_2|$$

とさだめます. 複素平面を $a + ib \mapsto (a, b)$ によって $\mathbb{R}^2$ と同一視したとき, これは $\mathbb{R}^2$ のユークリッド距離と同じものです.

　距離空間 X の部分集合 A は, X 上の距離関数 d を A に制限することによって, それ自身が距離空間となることにも注意しておきましょう.

　距離空間では, r-近傍を定義することができます.

[定義]　r-近傍

距離空間 X の点 x と正数 r に対し, x の r-近傍を

$$B_{x,r} = \{y \in X \mid d(x, y) < r\}$$

によって定義する.

　以下では $B_{x,r}$ のことを, 距離空間 X の点 x を中心とする半径 r の開球体とよぶこともあります. $X = \mathbb{C}$ の場合は, 半径 r の開円板ともよびます.

　距離空間では, 任意の部分集合に対して, それが開集合なのかそうではないのかという分類をすることになります.

[定義]　開集合

距離空間 X の部分集合 A が開集合であるとは, 任意の $x \in A$ に対して $r > 0$ がとれて, $B_{x,r} \subset A$ とすることができること.

　空集合 $\emptyset \subset X$ では $x \in \emptyset$ となる x がとれないので, $\emptyset$ は開集合だということになります.

[定義] 内点, 内部

> 距離空間 X の部分集合 A の点 x は, 十分小さな r-近傍が A 内にとれるとき, A の内点だという. A の内点全体のなす集合を A の内部といい, A^i とあらわす.

　一般には A の内部は A の部分集合ですが, A の内部が A 自身となることが, A が開集合であるための必要十分条件です. 開球体, つまりある点の r-近傍はそれ自体開集合となっていることにも注意しておきましょう.

　U を開集合とすると, $x \in U$ に対して U 内に収まる r-近傍がとれるので, それを U_x としておきます. r はもちろん $x \in U$ ごとに異なっていてもよいです. すると $U = \bigcup_{x \in U} U_x$ となっています. つまり任意の開集合は開球体の和集合として書けます. 逆に, 開球体の和集合として書ける集合は, 開集合となっています.

　距離空間 X の開集合を要素とする集合族 $\{U_\lambda\}_{\lambda \in \Lambda}$ があたえられたとき, その和集合を

$$U = \bigcup_{\lambda \in \Lambda} U_\lambda$$

と書きます. $x \in U$ は, 「ある $\lambda \in \Lambda$ に対して $x \in U_\lambda$」 という意味になります. このとき U_λ が 開集合だということから, 正数 r がとれて, $B_{x,r} \subset U_\lambda$ とすることができます. したがって, $B_{x,r} \subset U$ となるので, U は開集合です.

　次に, U_1 と U_2 を X の開集合として, これらの共通部分

$$U = U_1 \cap U_2$$

を考えます. $x \in U$ は, $x \in U_1$ かつ $x \in U_2$ を意味します. U_1 は開集合なので, 十分小さな正数 r_1 をとると $B_{x,r_1} \subset U_1$ となっています. 同様に, 十分小さな正数 r_2 をとると $B_{x,r_2} \subset U_2$ となっています. r_1 と r_2 のうち大きくない方を r とすれば, $B_{x,r} \subset U_1$ かつ $B_{x,r} \subset U_2$ です. したがって, $B_{x,r} \subset U_1 \cap U_2$ が成り立ちます. 以上が任意の $x \in U$ についていえるので, $U = U_1 \cap U_2$ は開集合です. 同様に, 有限個の開集合 $U_1, U_2, \ldots, U_m$ の共通部分も開集合となります.

開集合の基本的性質

距離空間 X の部分集合について,
- 空集合 $\emptyset$, 全体集合 X は開集合
- 開集合族 $\{U_\lambda\}_{\lambda \in \Lambda}$ の和集合 $\bigcup_{\lambda \in \Lambda} U_\lambda$ は開集合
- 有限個の開集合 $U_1, \ldots, U_m$ の共通部分 $\bigcap_{k=1}^m U_k$ は開集合

が成り立つ.

　一般に, 上の性質がみたされるように開集合族が定義された集合を位相空間といいます. 距離空間も位相空間の仲間だということになります.

　集合 X の部分集合 A の補集合

$$X \setminus A = \{x \in X \mid x \notin A\}$$

のことを A^c と書くことにします. 距離空間 X の部分集合 F が閉集合であるとは, F^c が開集合のときをいいます. $\{F_\lambda\}_{\lambda \in \Lambda}$ を閉集合の族とし,

$$F = \bigcap_{\lambda \in \Lambda} F_\lambda$$

とすると,

$$F^c = \bigcup_{\lambda \in \Lambda} (F_\lambda)^c$$

が開集合なので, F は閉集合です. 同様に, F_1, F_2 を閉集合とし,

$$F = F_1 \cup F_2$$

とすると,

$$F^c = (F_1)^c \cap (F_2)^c$$

が開集合なので, F は閉集合です. つまり閉集合の場合, 閉集合族の共通部分は閉集合となり, 有限個の閉集合の和集合も閉集合となります. $\emptyset^c = X$, $X^c = \emptyset$ より, 空集合, 全体集合も閉集合です.

　距離空間 X の部分集合 A を考えます. A の点 x は, $B_{x,r} \subset A$ となる $r > 0$ がとれるとき, A の内点というのでした.

[定義] 外点, 外部

距離空間 X の部分集合 A に対して, A^c の内点のことを A の外点という. A の外点全体のなす集合を A の外部といい, A^e とあらわす.

A^e は開集合となります. A の内部 A^i は A の部分集合, 外部 A^e は A^c の部分集合ですので, $A^i \cap A^e = \emptyset$ です.

[定義] 境界点, 境界

距離空間 X の点のうち, X の部分集合 A の内点でもなく, A の外点でもない点は A の境界点であるという. A の境界点全体のなす集合を A の境界といい, A^r であらわす.

このように, X の部分集合 A に対して, X の点は, A の内点, 外点, 境界点のどれかに分類されることになります.

[定義] 触点, 閉包

距離空間 X の部分集合 A に対し, X の点 x は, どのような正数 r をとってきても, $B_{x,r}$ の中に A の点があるとき, A の触点であるという. A の触点全体のなす集合を A の閉包といい, $\overline{A}$ とあらわす.

A の触点ではないというのは, A の外点だというのと同じことです. したがって, $\overline{A} = A^i \cup A^r$ が成り立ちます. $(\overline{A})^c = A^e$ ですから, A の閉包は閉集合となっています.

U は X の部分集合 A の部分集合で開集合だとします. $x \in U$ とすると, $B_{x,r} \subset U$ となる $r > 0$ がとれるので, x は A の内点です. したがって, $U \subset A^i$ となっています. A に含まれる任意の開集合が A^i の部分集合となっていることになります. その意味で, A^i は A に含まれる最大の開集合だといえます.

A^e は A^c に含まれる最大の開集合ですから, 補集合を考えて, $\overline{A} = (A^e)^c$ は A を含む最小の閉集合だということになります. つまり, $A \subset F$ となる任意の閉集合は, $\overline{A} \subset F$ をみたします.

> **[定義] 点列**
>
> 距離空間 X の点列 $p_1, p_2, \ldots$ とは，自然数 k に対して点 $p_k \in X$ を対応させる規則のこと．点列を $\{p_k\}_{k \in \mathbb{N}}$ とあらわす．（$\mathbb{N}$ は自然数全体のなす集合 $\{1, 2, \ldots\}$）

複素平面上の点列は，複素数からなる数列のことです．

単に点列といえば，無限に連なっている列を指します．X の部分集合 A の点列というのは，X の点列 $\{p_k\}_{k \in \mathbb{N}}$ のうち，すべての $k \in \mathbb{N}$ に対して $p_k \in A$ となっているもののことです．

自然数を自然数にうつす写像 $\sigma : \mathbb{N} \to \mathbb{N}$ は，

$$i < j \quad \text{ならば} \quad \sigma(i) < \sigma(j)$$

をみたすようなものだとします．そのような σ を用いてできる新たな点列 $\{p_{\sigma(k)}\}_{k \in \mathbb{N}}$ は，$\{p_k\}_{k \in \mathbb{N}}$ の部分列だといいます．部分列というのは，もとの点列からいくつか，あるいは無限個を間引いてできるものです．

r-近傍を用いて点列が収束するということを定式化することができます．

> **[定義] 点列の収束**
>
> 距離空間 X の点列 $\{p_k\}_{k \in \mathbb{N}}$ が $p \in X$ に収束するとは，任意の $r > 0$ に対して，自然数 N がとれて，$k \geq N$ ならば $p_k \in B_{p,r}$ が成り立つようにできるときをいう．このことを，
>
> $$p_k \to p \quad (k \to \infty)$$
>
> とあらわす．収束しない点列は発散するという．

点列が p に収束することを

$$d(p_k, p) \to 0 \quad (k \to \infty)$$

とあらわしてもよいです．p は点列 $\{p_k\}_{k \in \mathbb{N}}$ の極限だといいます．点列の極限はあるとすれば1つしかありませんし，ないかもしれません．

あたえられた点列が収束するかどうかを判定するのに，見通しのよい方法があります．

[定義] コーシー列

距離空間 X の点列 $\{p_k\}_{k\in\mathbb{N}}$ がコーシー列であるとは, 任意の $\epsilon > 0$ に対して自然数 N がとれて,

$$n, m \geq N \quad \text{ならば} \quad d(p_n, p_m) < \epsilon$$

が成り立つようにできることをいう.

つまり,

$$d(p_m, p_n) \to 0 \quad (m, n \to \infty)$$

がコーシー列の条件です.

n 次元ユークリッド空間 $\mathbb{R}^n$ の点列が収束することと, コーシー列であることは同値です. このことは, 実数のもつ次の基本的な性質によっています.

有界な実数列の性質

有界な実数列は収束する部分列をもつ.

有界な実数列というのは, $\mathbb{R}$ の点列 $\{x_k\}_{k\in\mathbb{N}}$ で, 正数 M がとれて, すべての $k \in \mathbb{N}$ に対して $|x_k| < M$ が成り立つようにできるもののことです. ここでは, 上の事実は証明なしに認めることにします.

点列が収束する必要十分条件

$\mathbb{R}^n$ の点列が収束するための必要十分条件は, 点列がコーシー列であること.

[証明] $\mathbb{R}^n$ の点列 $\{p_k\}_{k\in\mathbb{N}}$ は収束するとします. この点列の極限を p とすると, $\epsilon > 0$ を任意にとったとき, 自然数 N がとれて, $n \geq N$ ならば

$$\|p_n - p\| < \epsilon$$

が成り立つようにできます. $n, m \geq N$ とすると, 3角不等式より

$$\|p_n - p_m\| \leq \|p_n - p\| + \|p_m - p\| < \epsilon + \epsilon = 2\epsilon$$

が成り立ちます. これから, $\{p_k\}_{k\in\mathbb{N}}$ はコーシー列だとわかります.

次に $\mathbb{R}^n$ のコーシー列がいつでも収束することをみましょう. $\{p_k\}_{k\in\mathbb{N}}$ は $\mathbb{R}^n$ のコーシー列だとします. まず, コーシー列が有界列になることをみておきま

す. つまり, ある $M > 0$ がとれて, すべての $k \in \mathbb{N}$ に対して $\|p_k\| < M$ が成り立つようにできることを示します. $\{p_k\}_{k \in \mathbb{N}}$ はコーシー列ですので, 自然数 N_1 があって, $k \geq N_1$ ならば $\|p_k - p_{N_1}\| < 1$ となっています. 3角不等式より,

$$\|p_k\| \leq \|p_k - p_{N_1}\| + \|p_{N_1}\| < \|p_{N_1}\| + 1 \quad (k \geq N_1)$$

ですので, $M = \max\{\|p_1\|, \|p_2\|, \ldots, \|p_{N_1-1}\|, \|p_{N_1}\| + 1\}$ とすれば,

$$\|p_k\| < M \quad (k \in \mathbb{N})$$

が成り立ちます. これで, $\{p_k\}_{k \in \mathbb{N}}$ が有界だということが示されました.

　$\mathbb{R}^n$ 上の有界な点列は, 収束する部分列をいつでももちます. $p_k \in \mathbb{R}^n$ の成分表示を

$$p_k = (x_{k,1}, x_{k,2}, \ldots, x_{k,n})$$

とするとき, 第 1 成分からなる $\mathbb{R}$ の点列 $\{x_{k,1}\}_{k \in \mathbb{N}}$ は有界な実数列です. したがって, 収束する部分列 $\{x_{\sigma(k),1}\}_{k \in \mathbb{N}}$ をもちます. $p_k^{(1)} = p_{\sigma(k)}$ とすれば, $\{p_k^{(1)}\}_{k \in \mathbb{N}}$ は第 1 成分が収束する $\{p_k\}_{k \in \mathbb{N}}$ の部分列です. 同様に, $\{p_k^{(1)}\}_{k \in \mathbb{N}}$ の部分列で, 第 2 成分が収束するような部分列 $\{p_k^{(2)}\}_{k \in \mathbb{N}}$ がえられます. この操作を第 n 成分まで繰り返すことにより, すべての成分が収束するような $\{p_k\}_{k \in \mathbb{N}}$ の部分列 $\{q_k\}_{k \in \mathbb{N}}$ がえられることになります. $\{q_k\}_{k \in \mathbb{N}}$ は $\mathbb{R}^n$ の収束列ですので, その極限を q とします. そうすると任意の $\epsilon > 0$ に対して自然数 N がとれて, $k \geq N$ ならば

$$\|q_k - q\| < \epsilon$$

が成り立つようにできます. また, $\{p_k\}_{k \in \mathbb{N}}$ はコーシー列なので, 自然数 N' がとれて, $l, m \geq N'$ ならば

$$\|p_l - p_m\| < \epsilon$$

が成り立つようにできます. $N'' = \max\{N, N'\}$ とすれば, $l \geq N'$ をみたす自然数 l に対し,

$$\|p_l - q\| \leq \|p_l - q_{N''}\| + \|q_{N''} - q\| < \epsilon + \epsilon = 2\epsilon$$

となります. これは, コーシー列 $\{p_k\}_{k \in \mathbb{N}}$ が q に収束することを意味しています.

　複素平面は距離空間として $\mathbb{R}^2$ ですから, この定理は, 複素平面についても適

用できます.

　上の推論をみればわかるように, 収束列がコーシー列となるという部分に関しては, $\mathbb{R}^n$ だけではなく, 一般の距離空間についても成り立ちます. 一方, コーシー列が収束列となるという部分は, 一般の距離空間では成り立つとは限りません. 例えば, フィボナッチ数列 $\{F_k\}_{k\in\mathbb{N}}$ から作られる $\{F_{k+1}/F_k\}_{k\in\mathbb{N}}$ という実数列は有理数の列で, かつ無理数に収束しますが, これを $\mathbb{Q}$ の点列とみたときは収束しないコーシー列です.

3話

連　続　関　数

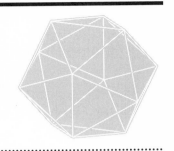

　複素関数論では, 複素平面の部分集合で定義された関数について調べていくことになります. ここでは前話に続く形で, 関数の連続性や, 部分集合のコンパクト性についておさえておきます.

　距離空間の部分集合 A のコンパクト性は, A の開被覆の振る舞いによって定式化されます. A を覆い尽くすような集合の族を被覆といいますが, 開被覆というのは, 開集合からなる被覆のことです.

[定義]　開被覆

距離空間 X の開集合からなる族 $\{U_\lambda\}_{\lambda \in \Lambda}$ は, X の部分集合 A に対して

$$A \subset \bigcup_{\lambda \in \Lambda} U_\lambda$$

となるとき, A の開被覆だという.

　U_λ の λ は添え字といいます. 添え字の集合 Λ があって, 各 $\lambda \in \Lambda$ ごとに開集合 U_λ がさだまっている状況を考えています.

　A の開被覆 $\mathscr{U} = \{U_\lambda\}_{\lambda \in \Lambda}$ について, Λ' を Λ の部分集合として, $\mathscr{U}' = \{U_\lambda\}_{\lambda \in \Lambda'}$ が A の開被覆となっているとき, $\mathscr{U}'$ は $\mathscr{U}$ の部分被覆だといいます. 特に Λ' が有限集合のとき, 有限部分被覆だといいます.

　コンパクト集合とは, 「任意の開被覆が有限部分被覆をもつ」という性質をもつもののことです.

[定義]　コンパクト

距離空間の部分集合 A がコンパクトであるとは, A の任意の開被覆が有限部分被覆をもつことをいう.

$\mathbb{R}^n$ の場合に, 具体的にどのような集合がコンパクトなのかは, 以下で明らかにしていきます. $\mathbb{R}^n$ の閉球体 $\overline{B_{x,r}}$ はコンパクトだとわかっているものです. しかしこれがコンパクトだということを理解するためには, コンパクト集合の性質を色々と知っておく必要があります.

距離空間 X のコンパクト部分集合 A 上の点列を考えてみましょう. A の任意の点列は, A の点に収束する部分列をもちます. この性質を, 点列コンパクト性といいます.

> **[定義] 点列コンパクト**
>
> 距離空間の部分集合 A が点列コンパクトであるとは, A 上の任意の点列が, A の点に収束する部分列をもつことをいう.

距離空間の部分集合のコンパクト性と点列コンパクト性は, 一見無関係に思えるかもしれませんが, コンパクトなら点列コンパクトだということがいえます.

> **コンパクト集合の点列コンパクト性**
>
> 距離空間のコンパクト部分集合は点列コンパクト.

[証明] 距離空間 X のコンパクト部分集合 A があって, A は点列コンパクトではないとします. つまり, コンパクト集合 A 上のある点列 $\{p_k\}_{k\in\mathbb{N}}$ があって, どの部分列をとっても A の点には収束しないとします.

x を A の点とします. 十分小さな正数 r に対して, 集合

$$S_{x,r} = \{k \in \mathbb{N}|\ p_k \in B_{x,r}\}$$

は有限集合となります. なぜなら, 任意の $r > 0$ に対して $p_k \in B_{x,r}$ となる k が無限個あるとすると, $p_{\sigma(k)} \in B_{x,1/k}$ となるように部分列 $\{p_{\sigma(k)}\}_{k\in\mathbb{N}}$ がとれて, その部分列は x に収束することになり, 仮定に反するからです. そこで, $S_{x,r}$ が有限集合となるような $r > 0$ を 1 つ選び, $U_x = B_{x,r}$ とします. これを A 上の各点について考えると, $\{U_x\}_{x\in A}$ は A の開被覆となります.

A はコンパクトなので, A 上の有限個の点 $x_1, x_2, \ldots, x_m$ があって, $\{U_{x_i}\}_{i=1}^{m}$ は A の開被覆となっています. ところが, 各 U_{x_i} 上には点列の有限個の項しか属していません. したがって, A 上にも有限個の項しかないことになり, 不合理です. ■

それでは, 次に距離空間の点列コンパクト集合の性質を調べてみましょう. 最

初に, 点列コンパクト集合の全有界性について. 全有界性というのは, 距離空間における概念で, 任意の正数 r があたえられたとき, 半径 r の有限個の開球体で被覆できるという性質のことです.

[定義] 全有界集合

距離空間の部分集合 A が全有界であるとは, 任意の正数 r に対し, A の有限個の点 $x_1, \ldots, x_m$ がとれて, $\{B_{x_i, r}\}_{i=1}^{m}$ が A の開被覆となるようにできることをいう.

A が全有界のとき, A の部分集合も全有界となることにも注意しておきましょう. 距離空間の点列コンパクト集合が全有界なことをみていきます.

点列コンパクト集合の全有界性

距離空間の点列コンパクトな部分集合は全有界.

[証明] 距離空間の点列コンパクトな部分集合 A があって, A は全有界ではないと仮定します.

A は全有界ではないので, 正数 r がとれて, A の有限個の点の r-近傍によって A を被覆することがないようにできます. $p_1 \in A$ を任意にとると, $A_2 = A \setminus B_{p_1, r} \neq \emptyset$ なので, $p_2 \in A_2$ がとれます. 次に, $A_3 = A_2 \setminus B_{p_2, r} \neq \emptyset$ なので, $p_3 \in A_3$ がとれます. 以下同様にして, A の点列 $\{p_k\}_{k \in \mathbb{N}}$ を作ることができます. すると, 互いに異なる自然数 i, j に対しては $d(p_i, p_j) > r$ なので, 点列 $\{p_k\}_{k \in \mathbb{N}}$ のどんな部分列をとっても, A のコーシー列にはなりません. したがって A の点に収束することはありません. これは A の点列コンパクト性に反するので不合理です. ∎

次に, 点列コンパクト集合のもう 1 つの重要な性質として, 完備性についてみておきます.

[定義] 完備性

距離空間の部分集合 A が完備であるとは, A の任意のコーシー列が A の点に収束することをいう.

距離空間の点列コンパクト部分集合の完備性をみておきましょう.

点列コンパクトなら完備

距離空間の点列コンパクト集合は完備.

[証明] 距離空間の部分集合 A が点列コンパクトだとします. A のコーシー列 $\{p_k\}_{k\in\mathbb{N}}$ を任意にとります. コーシー列なので, 任意の正数 ϵ に対して, ある自然数 N がとれて, $n, m \geq N$ なら

$$d(p_n, p_m) < \epsilon$$

が成り立つようにできます. A の点列コンパクト性から, ある部分列 $\{p_{\sigma(k)}\}_{k\in\mathbb{N}}$ は, A の点に収束します. その極限点を $p \in A$ としましょう. すると, 自然数 N' があって, $\sigma(k) \geq N'$ ならば

$$d(p_{\sigma(k)}, p) < \epsilon$$

が成り立ちます. 以上から, $\sigma(k) \geq \max\{N, N'\}$ として, $n \geq N$ ならば

$$d(p_n, p) \leq d(p_n, p_{\sigma(k)}) + d(p_{\sigma(k)}, p) < \epsilon + \epsilon = 2\epsilon$$

が成り立つことがわかります. したがって, コーシー列 $\{p_k\}_{k\in\mathbb{N}}$ は A の点 p に収束することになります. ∎

　ここで少しまとめておくと, 距離空間のコンパクト部分集合は点列コンパクトで, 点列コンパクトなら全有界かつ完備となることまでがわかりました.
　逆に, 距離空間の全有界かつ完備な部分集合は, コンパクトになります.

全有界かつ完備ならコンパクト

距離空間の全有界かつ完備な部分集合はコンパクト.

[証明] 距離空間の部分集合 A を全有界かつ完備だとします. A がコンパクトではないと仮定してみましょう. すると, 有限部分被覆をもたない A の開被覆 $\mathscr{U} = \{U_\lambda\}_{\lambda\in\Lambda}$ をとることができます.
　A は全有界なので, A の有限個の点 $x_1, \ldots, x_m$ が選べて, $\{B_{x_i, 1/2}\}_{i=1}^{m}$ が A の開被覆となるようにできます. $\mathscr{U}$ が有限な部分被覆をもたないことから, ある x_i について, $B_1 = A \cap B_{x_i, 1/2}$ は有限個の U_λ では被覆できません. そのような x_i を 1 つ選んで p_1 とよぶことにします.
　$B_1 \subset A$ なので, B_1 は全有界です. すると, B_1 の有限個の点 $x_{2,1}, x_{2,2}, \ldots,$

x_{2,m_2} が選べて, $\{B_{x_{2,i},1/2^2}\}_{i=1}^{m_2}$ が B_1 の開被覆となるようにできます. B_1 の構成法から, ある $x_{2,i}$ について, $B_2 = A \cap B_{x_{2,i},1/2^2}$ は有限個の U_λ では被覆できません. そのような $x_{2,i}$ を 1 つ選んで p_2 とします.

以下同様にして, A の点列 $\{p_k\}_{k\in\mathbb{N}}$ を構成します. このとき, $p_{k+1} \in B_k = A \cap B_{p_k,1/2^k}$ で, B_k は有限個の U_λ では被覆できないようになっています. $p_{k+1} \in B_k$ は $d(p_{k+1},p_k) < 1/2^k$ を意味します. すると, $n > m$ のときに

$$d(p_n, p_m) \leq \sum_{k=m}^{n-1} d(p_{k+1}, p_k) < \frac{1}{2^{m-1}} - \frac{1}{2^{n-1}}$$

ですので, $\{p_k\}_{k\in\mathbb{N}}$ はコーシー列です.

A は完備なので, $\{p_k\}_{k\in\mathbb{N}}$ は A の点 p に収束します. $\mathscr{U}$ は A の開被覆なので, ある $\lambda \in \Lambda$ について $p \in U_\lambda$ となっています. p は U_λ の内点なので, 十分大きな自然数 N をとると,

$$B_{p,1/2^N} \subset U_\lambda$$

となります. また, $\{p_k\}_{k\in\mathbb{N}}$ は p に収束するので, 十分大きな N' をとると,

$$d(p_{N'}, p) < \frac{1}{2^{N+1}}$$

となっています. N' としては $N' \geq N+1$ となるものをとっておきます. このとき x を $B_{N'} = A \cap B_{p_{N'},1/2^{N'}}$ の点とすると,

$$d(x, p_{N'}) < \frac{1}{2^{N'}} \leq \frac{1}{2^{N+1}}$$

なので

$$d(x, p) \leq d(x, p_{N'}) + d(p_{N'}, p) < \frac{1}{2^{N+1}} + \frac{1}{2^{N+1}} = \frac{1}{2^N}$$

となります. これは

$$B_{N'} \subset B_{p,1/2^N} \subset U_\lambda$$

を意味します. しかし, $B_{N'}$ が 1 つの U_λ で被覆されることになるので, 構成法と矛盾します. ■

まとめると次のようになります.

距離空間のコンパクト集合

距離空間の部分集合 A について，以下の 3 つの条件は同値となる．
- A はコンパクト集合
- A は点列コンパクト集合
- A は全有界かつ完備

ここまで一般の距離空間のコンパクト集合についての話をしましたが，本来は複素平面，あるいはより一般にユークリッド空間のコンパクト集合について興味があります．そこでここからはしばらくユークリッド空間についての話をしましょう．

その前に，基本的な用語を少し整理しておきます．

[定義] 有界集合

距離空間 X の部分集合 A が有界であるとは，$x \in X$ と正数 M があって，$A \subset B_{x,M}$ とできることをいう．

距離空間の全有界な部分集合がいつでも有界になることはすぐにわかります．

全有界集合は有界

距離空間の全有界な部分集合は有界．

[証明] A を距離空間 X の全有界な部分集合とすると，A の有限個の点 $x_1, \ldots, x_m$ がとれて，

$$A \subset \bigcup_{i=1}^{m} B_{x_i,1}$$

が成り立つようにできます．

$x \in X$ を 1 つ固定します．$B_{x_i,1}$ の任意の点 y に対して

$$d(x,y) \leq d(x,x_i) + d(x_i,y) < d(x,x_i) + 1$$

が成り立つので，$\{d(x,x_i)\}_{i=1}^{m}$ の最大元を M とおくと，A の任意の点 y に対して

$$d(x,y) < M + 1$$

が成り立ちます.

　一般の距離空間では, 有界集合が全有界とは限りません. 例えば, 実数の集合 $\mathbb{R}$ に

$$d(x, y) = \min\{|x - y|, 1\}$$

で距離関数を定義すると, $\mathbb{R}$ のすべての部分集合は有界になります. 特に $\mathbb{R}$ 自身が有界ですが, これを有限個の半径 $1/2$ の開球体で被覆することはできませんので, 全有界ではありません.

　ただし, $\mathbb{R}$ にユークリッド距離をいれた場合は, 有界部分集合は全有界になります. このことはより一般に, n 次元ユークリッド空間についてもいえます.

ユークリッド空間の有界部分集合

n 次元ユークリッド空間の部分集合が有界である必要十分条件は全有界であること.

[証明] 全有界部分集合が有界となることはすでにみてあるので, $\mathbb{R}^n$ の有界集合が全有界であることを示します. A を $\mathbb{R}^n$ の有界部分集合とします. 正数 r があたえられたときに, n 個の成分がすべて r の整数倍となる A の点は有限個です. そのような点の r-近傍をすべて集めると A の開被覆をなします.

　次にユークリッド空間の完備集合についてです. ユークリッド空間の場合, 完備な集合というのは閉集合と同じ意味になります.

ユークリッド空間の完備集合

n 次元ユークリッド空間の部分集合が完備である必要十分条件は閉集合であること.

[証明] A を $\mathbb{R}^n$ の完備な部分集合とします. p を A の触点とします. つまり $p \in \overline{A}$ です. 任意の自然数 k に対して $B_{p,1/k} \cap A \neq \emptyset$ ですので, 各 k に対して点 $p_k \in B_{p,1/k} \cap A$ を選ぶことにより, A の点列 $\{p_k\}_{k \in \mathbb{N}}$ を作ることができます. この点列は, p に収束するので A のコーシー列です. A の完備性から, p は A の点です. $p \in \overline{A}$ は任意なので, $\overline{A} \subset A$ です. 閉包の定義より $A \subset \overline{A}$ ですので, $A = \overline{A}$ が成り立ちます. したがって完備な集合 A は閉集合です.

　次に F を $\mathbb{R}^n$ の閉集合だとします. F のコーシー列 $\{p_k\}_{k \in \mathbb{N}}$ は, 第 2 話の [点列が収束する必要十分条件] より $\mathbb{R}^n$ の点 p に収束します. 任意の正数 r に

対して, 自然数 k がとれて, p_k は p の r-近傍の点となっています. 特に p_k は F の点ですので, p は F の触点です. F は閉集合なので, p は F の点ということになります. このことが F の任意のコーシー列についていえるので, 閉集合 F は完備です. ∎

以上をまとめると次のようになります.

ユークリッド空間のコンパクト集合

n 次元ユークリッド空間の部分集合がコンパクトである必要十分条件は, 有界な閉集合であること.

もちろん, これは複素平面の部分集合についてもあてはまることです. 複素関数論では, 複素平面上の複素数値関数の閉曲線に沿った積分があらわれます. 閉曲線は複素平面の有界な閉部分集合なのでコンパクトですし, 閉曲線に囲まれた部分もコンパクトです. そこで, コンパクト集合上での関数の性質を知っておく必要がでてきます. 特に複素平面上の連続な関数に興味があります.

[定義]　連続な複素関数

複素平面の部分集合 A を定義域とする複素数値関数 $f : A \to \mathbb{C}$ を複素関数という. 複素関数が $x \in A$ で連続であるとは, 任意の正数 ϵ に対して正数 δ がとれて, $y \in A, |x - y| < \delta$ ならば $|f(x) - f(y)| < \epsilon$ が成り立つようにできることをいう. 複素関数 $f : A \to \mathbb{C}$ が A 上で連続であるとは, A の任意の点で連続となることをいう.

複素関数が連続だというのは, 互いに近い 2 点での関数の値が近くなるということを意味します. 一般に 2 つの距離空間の間の連続性は次のように定義されます.

[定義]　連続写像

距離空間 X, Y の間の写像 $f : X \to Y$ が X の点 x で連続であるとは, 任意の正数 ϵ に対して, 正数 δ がとれて, $d_X(x, y) < \delta$ ならば $d_Y(f(x), f(y)) < \epsilon$ が成り立つようにできることをいう. f が連続であるとは, X の各点で連続なことをいう.

上の定義において, d_X, d_Y はそれぞれ X, Y 上の距離関数のことです. 連続

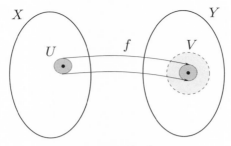

図 3.1 連続写像.

な複素関数 $f: A \to \mathbb{C}$ というのは, $\mathbb{C}$ の部分集合としての距離空間 A と $\mathbb{C}$ の間の連続写像のことにすぎません.

　連続写像がコンパクト性を保つことをみておきたいのですが, そのために, 連続写像の位相的な特徴づけをみておきましょう (図 3.1).

連続写像の特徴づけ

距離空間 X, Y の間の写像が連続写像であるための必要十分条件は, Y の開集合の原像が X の開集合であること.

[証明] 必要性からみていきます. $f: X \to Y$ は連続だとします. V を Y の開集合とすると, f による V の原像というのは

$$f^{-1}(V) = \{x \in X | f(x) \in V\}$$

のことです. $f^{-1}(V)$ の点 x をとります. V は開集合なので, 正数 ϵ がとれて, $B_{f(x),\epsilon} \subset V$ とできます. f は x で連続ですので, 正数 δ がとれて,

$$f(B_{x,\delta}) \subset B_{f(x),\epsilon} \subset V$$

が成り立つようにできます. そのような $\delta > 0$ に対して, $U_x = B_{x,\delta}$ とおくと,

$$U_x \subset f^{-1}(V)$$

となっています. この操作を $f^{-1}(V)$ の各点について行います. U_x は X の開集合で, $f^{-1}(V)$ は,

$$f^{-1}(V) = \bigcup_{x \in f^{-1}(V)} U_x$$

と開集合の和集合として書けますので, 開集合です.

　次に十分性を確かめておきましょう. Y の任意の開集合の $f : X \to Y$ による原像は, X の開集合になるとします. X の点 x について, $f(x)$ の任意の ϵ-近傍 $B_{f(x), \epsilon}$ をとります. $B_{f(x), \epsilon}$ は Y の開集合ですので, $U = f^{-1}(B_{f(x), \epsilon})$ は X の開集合となります. x は開集合 U の点ですので, 正数 δ がとれて $B_{x, \delta} \subset U$ が成り立つようにできます. このとき,

$$f(B_{x, \delta}) \subset f(U) = B_{f(x), \epsilon}$$

となっていますので, f は x で連続です. $x \in X$ は任意でしたので, $f : X \to Y$ は連続です. ∎

　連続写像のこの性質を用いると, コンパクト性が連続写像のもとで保たれるということが示せるようになります.

コンパクト部分集合の連続写像による像

> X, Y を距離空間とし, $f : X \to Y$ を連続写像とする. K を距離空間 X のコンパクトな部分集合とするとき, $f(K)$ は Y のコンパクトな部分集合となる.

[証明] $\{V_\lambda\}_{\lambda \in \Lambda}$ を $f(K)$ の任意の開被覆とします. このとき,

$$f(K) \subset \bigcup_{\lambda \in \Lambda} V_\lambda$$

となっています. f は連続なので, 各 $\lambda \in \Lambda$ について $f^{-1}(V_\lambda)$ は X の開集合です.

$$K \subset \bigcup_{\lambda \in \Lambda} f^{-1}(V_\lambda)$$

に注意すると, $\{f^{-1}(V_\lambda)\}_{\lambda \in \Lambda}$ は K の開被覆になっていることがわかります. K は X のコンパクト部分集合なので, Λ の有限部分集合 Λ' があって, $\{f^{-1}(V_\lambda)\}_{\lambda \in \Lambda'}$ は K の開被覆となります. このとき, $\{V_\lambda\}_{\lambda \in \Lambda'}$ は $f(K)$ の開被覆です. $f(K)$ の任意の開被覆が有限部分被覆をもつことがいえたので, $f(K)$ は Y のコンパクト部分集合です. ∎

　距離空間のコンパクト部分集合上で定義された実数値連続関数は最大値と最小値をもつことがしたがいます. これは, $\mathbb{R}$ の有界閉集合が最大値と最小値をもつことによります. このことを確かめるために, $\mathbb{R}$ の部分集合の上限, 下限についておさらいしておきます.

> **[定義]　上界, 下界, 上限, 下限**
>
> $\mathbb{R}$ の部分集合 $S \neq \emptyset$ に対して, $x \in \mathbb{R}$ が S の上界 (下界) であるとは, すべ
> ての $y \in S$ に対して $x \geq y$ $(x \leq y)$ が成り立つときをいう. S の上界 (下
> 界) 全体のなす集合を $U(S)$ $(L(S))$ と書く. $U(S)$ $(L(S))$ が空集合でないと
> き, $U(S)(L(S))$ は $\{x \geq M\}$ $(\{x \leq m\})$ という形に書ける. M (m) を S の
> 上限 (下限) といい, $\sup S$ $(\inf S)$ と書く.

　上界, 上限などの概念は, 一般に大小関係がさだめられた集合におけるもので
す. S の上限は $U(S)$ が最小値をもつときに, その最小値として定義されます.
ここでは実数の集合についてしか考えませんが, $U(S)$ が空でないときに, いつ
も上限が存在することは実数の連続性によるものです. 有理数の集合 $\mathbb{Q}$ につい
て考えると, $S = \{x \in \mathbb{Q} | x \leq \sqrt{2}\}$ の上界は $\sqrt{2}$ 以上の有理数からなる集合で
すが, この集合は $\mathbb{Q}$ に最小値をもたないので, S の上限は存在しません.

> **極値定理**
>
> 距離空間のコンパクトな部分集合 K は空でないとする. K 上の実数値連続
> 関数 $f : K \to \mathbb{R}$ は最大値と最小値をもつ.

[証明] 距離空間の空ではないコンパクト部分集合 K をとります. $L = f(K)$ は連
続写像によるコンパクト集合の像なので, $\mathbb{R}$ のコンパクト部分集合です. L は有
界なので $U(L)$ は空ではありません. したがって上限をもち, それを $M = \sup L$
とおきます.

　任意の正数 ϵ に対して $M - \epsilon < x < M$ をみたす $x \in L$ が存在します. そこ
で, 自然数 k に対して $M - 1/k < p_k < M$ となる $p_k \in L$ をとることにより,
M に収束する L の点列 $\{p_k\}_{k \in \mathbb{N}}$ を作ることができます. L は完備なので, この
点列の極限 M は L の点です. 任意の $x \in L$ に対して $M \geq x$ で, $M \in L$ なの
で, M は L の最大値です. 最小値に関しても同様です. ∎

　距離空間のコンパクト部分集合上の連続関数は, 「一様に連続」だというこ
とをみておきます.

[定義] 一様連続

距離空間 X の部分集合 A から距離空間 Y への写像 $f : A \to Y$ が一様連続で
あるとは, 任意の正数 ϵ に対して, 正数 δ がとれて, $x, y \in A$ が $d_X(x, y) < \delta$
をみたすならば, $d_Y(f(x), f(y)) < \epsilon$ が成り立つようにできることをいう.

　$f : A \to Y$ が連続というのは,

- 任意の $x \in A$ と任意の $\epsilon > 0$ に対し, $\delta > 0$ が存在して, $f(B_{x,\delta}) \subset B_{f(x),\epsilon}$
  となること

です. これに対して一様連続というのは,

- 任意の $\epsilon > 0$ に対し, $\delta > 0$ が存在して, 任意の $x \in A$ に対し, $f(B_{x,\delta}) \subset$
  $B_{f(x),\epsilon}$ となること

です. 一様連続の方が厳しい条件で, 一様連続ならば連続です. 逆は成り立たな
くて, 例えば $f : (0, \infty) \to (0, \infty); x \mapsto 1/x$ は連続ですが, 一様連続ではありま
せん. ただし少なくとも次の場合には, 連続写像は一様連続になります.

コンパクト部分集合上の連続写像は一様連続

距離空間 X のコンパクト部分集合 K から距離空間 Y への連続写像 $f : K \to Y$
は一様連続.

[証明] K を距離空間 X のコンパクト部分集合とし, $f : K \to Y$ は連続だとし
ます. 任意の $x \in K$ と任意の正数 ϵ に対し, 正数 δ_x がとれて,

$$f(B_{x,\delta_x}) \subset B_{f(x),\epsilon}$$

が成り立つようにできます. K の開被覆として, $\{B_{x,\delta_x/2}\}_{x \in K}$ をとります.
$\{B_{x,\delta_x}\}_{x \in K}$ ではなく, $\{B_{x,\delta_x/2}\}_{x \in K}$ とする理由はこのあとすぐにわかります.

　K はコンパクトなので, K の有限個の点 $x_1, \ldots, x_m$ があって, $\{B_{x_i,\delta_{x_i}/2}\}_{i=1}^m$
は K の有限な開被覆となります. この $x_1, \ldots, x_m$ に対し, $\delta_{x_i}/2$ の最小値を

$$\delta' = \min\left\{\frac{\delta_{x_1}}{2}, \ldots, \frac{\delta_{x_m}}{2}\right\}$$

とおきます.

　$d_X(x, y) < \delta'$ をみたす $x, y \in K$ を任意にとります. $\{B_{x_i,\delta_{x_i}/2}\}_{i=1}^m$ は K の
開被覆なので, ある x_i について $x \in B_{x_i,\delta_{x_i}/2}$ となっています. このとき,

$$d_X(x_i, y) \le d_X(x_i, x) + d(x, y) < \frac{\delta_{x_i}}{2} + \delta' \le \frac{\delta_{x_i}}{2} + \frac{\delta_{x_i}}{2} = \delta_{x_i}$$

より, $y \in B_{x_i, \delta_{x_i}}$ も同時に成り立っています. したがって,

$$f(x), f(y) \in f(B_{x_i, \delta_{x_i}}) \subset B_{f(x_i), \epsilon}$$

となることから,

$$d_Y(f(x), f(y)) \leq d_Y(f(x), f(x_i)) + d_Y(f(x_i), f(y)) < 2\epsilon$$

が成り立ちます. $x, y \in K$ は任意なので, f は一様連続です. ■

　距離空間のコンパクト集合についての話でしたが, すべてのことは, 複素平面の有界閉集合に適用することができます. 複素平面上の閉曲線や, その上で定義された複素関数について, ここでえられた結果を応用することになるでしょう.

無 限 級 数

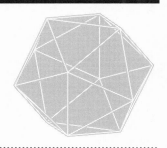

複素数の無限和を考えます. 例えば,

$$\sum_{k=1}^{\infty} \frac{1}{2^k} = \frac{1}{2} + \frac{1}{4} + \frac{1}{8} + \cdots + \cdots$$

のようなものです. こうしたものを級数といいます. この級数は, 面積 1 の正方形の紙を半分に切り, 半分に切った片方を半分に切り, そのまた片方を……, という操作を続けていったときの, ばらばらになった紙の面積を足し上げたものなので, 答えは 1 だと想像がつきます. それでは,

$$\sum_{k=1}^{\infty} \frac{(-1)^{k+1}}{k} = 1 - \frac{1}{2} + \frac{1}{3} - \frac{1}{4} + \cdots$$

はどうなるでしょうか. 偶数項目までの和は,

$$\begin{aligned}
s_{2n} &= 1 - \frac{1}{2} + \frac{1}{3} - \frac{1}{4} + \cdots - \frac{1}{2n} \\
&= \left(1 + \frac{1}{2} + \frac{1}{3} + \frac{1}{4} + \cdots + \frac{1}{2n}\right) - 2\left(\frac{1}{2} + \frac{1}{4} + \cdots + \frac{1}{2n}\right) \\
&= \sum_{k=1}^{2n} \frac{1}{k} - 2\sum_{k=1}^{n} \frac{1}{2k} = \sum_{k=n+1}^{2n} \frac{1}{k} = \sum_{k=1}^{n} \frac{1}{n+k}
\end{aligned}$$

ですので, $n \to \infty$ の極限をとると, 和を積分におきかえることができて,

$$\lim_{n\to\infty} s_{2n} = \lim_{n\to\infty} \sum_{k=1}^{n} \frac{1}{n} \frac{1}{1+k/n} = \int_0^1 \frac{1}{1+x} dx = \log 2$$

と計算できます. 奇数項目までの和は $s_{2n+1} = s_{2n} + 1/2^{2n+1}$ ですので, やはり, $s_{2n+1} \to \log 2\ (n \to \infty)$ となります. したがって, 級数の値は $\log 2$ です.

　級数を問題にするとき, まず第 n 項までの部分和 s_n を求め, $n \to \infty$ の極限を考えます. 部分和の数列 $\{s_n\}_{n\in\mathbb{N}}$ が収束するとき, 級数は収束するといい, その極限が級数の値だと定義されます. 収束しない級数は発散するといいます. 部

分和の数列 $\{s_n\}_{n\in\mathbb{N}}$ は，級数の項の順序を変更すると違うものになるので，項の順序を無頓着にいれかえてはだめです.

　級数が収束するための条件をいくつか知っておくとよいです.

[定義]　絶対収束

複素数列 $\{a_k\}_{k\in\mathbb{N}}$ から作られる級数 $\sum_{k=1}^{\infty} a_k$ は，各項の絶対値をとった級数 $\sum_{k=1}^{\infty} |a_k|$ が収束するとき，絶対収束するという.

　絶対収束は，収束よりも強い条件です. これを示すために，次のことに注意しておきましょう. $a_1, a_2 \in \mathbb{C}$ に対して

$$|a_1 + a_2| \le |a_1| + |a_2|$$

が成り立ちます. 複素平面上の3角不等式です. これを何回か続けて用いると，一般には

$$\left|\sum_{k=1}^{n} a_k\right| \le \sum_{k=1}^{n} |a_k|$$

が成り立つことがわかります. このことに注意して，次が示せます.

絶対収束なら収束

絶対収束する級数は，収束する.

[証明] $\sum_{k=1}^{\infty} a_k$ は絶対収束するとしましょう. このとき，$\{|a_k|\}_{k\in\mathbb{N}}$ の部分和を $t_n = \sum_{k=1}^{n} |a_k|$ とします. $\{t_n\}_{n\in\mathbb{N}}$ はコーシー列なので，

$$|t_m - t_n| \to 0 \quad (m, n \to \infty)$$

です. 数列 $\{a_k\}_{k\in\mathbb{N}}$ の部分和を $s_n = \sum_{k=1}^{n} a_k$ とします. すると，$m > n$ となる自然数 m, n に対して，

$$s_m - s_n = \left|\sum_{k=n+1}^{m} a_k\right| \le \sum_{k=n+1}^{m} |a_k| = |t_m - t_n|$$

となっています. したがって，

$$|s_m - s_n| \to 0 \quad (m, n \to \infty)$$

となり，$\{s_n\}_{n\in\mathbb{N}}$ はコーシー列です. ■

　ただし，収束級数がいつでも絶対収束するとは限りません. 先ほどの例では

$\sum_{k=1}^{\infty}(-1)^k/k = \log 2$ でしたが, これは絶対収束級数ではありません. なぜか
というと, $\sum_{k=1}^{\infty}(1/k)$ の第 2^m 項までの部分和をとると,

$$s_{2^m} = 1 + \frac{1}{2} + \frac{1}{3} + \frac{1}{4} + \frac{1}{5} + \frac{1}{6} + \frac{1}{7} + \frac{1}{8} + \frac{1}{9} + \cdots + \frac{1}{2^m}$$

$$> 1 + \frac{1}{2} + \frac{1}{4} + \frac{1}{4} + \frac{1}{8} + \frac{1}{8} + \frac{1}{8} + \frac{1}{8} + \frac{1}{16} + \cdots + \frac{1}{2^m}$$

$$= 1 + \underbrace{\frac{1}{2} + \frac{1}{2} + \cdots + \frac{1}{2}}_{m \, 個} = \frac{m+2}{2}$$

となり, m を大きくすればいくらでも大きな値をとるようになるからです.

　級数の各項の順序をいれかえると, 異なる級数になるという注意を先ほどし
ました. 収束するかどうかという性質も変わるかもしれません. ところが, 絶対
収束級数の場合は項の順序をいれかえても絶対収束します.

絶対収束級数の再配列

　絶対収束級数は, 項の順序をいれかえても絶対収束級数となり, 順序をいれ
かえる前の級数と同じ値に収束する.

[証明] $\sum_{k=1}^{\infty} a_k$ は絶対収束するとします. 各項の絶対値をとった級数の部分
和を $t_n = \sum_{k=1}^{n} |a_k|$ とおき, $t_n \to t \ (n \to \infty)$ とします. これは, 任意の正数
ϵ に対して, 自然数 N がとれて, $n \geq N$ ならば

$$t - t_n < \epsilon$$

が成り立つようにできるという意味です.

　項の順序をいれかえるのには, 自然数全体の集合からそれ自身への全単射

$$g : \mathbb{N} \to \mathbb{N}$$

を 1 つ決めて,

$$\sum_{k=1}^{\infty} a_{g(k)}$$

とすればよいです. 十分大きな自然数 N' をとれば,

$$\{1, 2, \ldots, N\} \subset \{g(1), g(2), \ldots, g(N')\}$$

が成り立つようにできます. このとき, $k \geq N' + 1$ ならば

$$g(k) \in \mathbb{N} \setminus \{1, 2, \ldots, N\} = \{N+1, N+2, \ldots\}$$

となっていることに注意します.

$u_n = \sum_{k=1}^n |a_{g(k)}|$ とおくと, $m > n \geq N' + 1$, ならば

$$|u_m - u_n| = \sum_{k=n+1}^m |a_{g(k)}| \leq \sum_{k=N+1}^\infty |a_k| = t - t_N < \epsilon$$

となっています. これは, $\sum_{k=1}^\infty a_{g(k)}$ が絶対収束することを意味します.

次に, 順序をいれかえた級数 $\sum_{k=1}^\infty a_{g(k)}$ の値について考えてみましょう. 実は, $g : \mathbb{N} \to \mathbb{N}$ をどのようにとっても, これはもとの級数と同じ値に収束します. このことを確かめてみましょう.

$s_n = \sum_{k=1}^n a_k$ をもとの級数の部分和とし, $s_n \to s$ $(n \to \infty)$ としましょう. また, 先ほどと同じく $t_n = \sum_{k=1}^n |a_k|$ は絶対値の数列の部分和で, $t_n \to t$ $(n \to \infty)$ とします. 任意の $\epsilon > 0$ に対して, 自然数 N がとれて, $n \geq N$ ならば

$$|s - s_n| < \epsilon, \quad t - t_n < \epsilon$$

が同時に成り立つようにできます.

十分大きな自然数 N' をとると,

$$\{1, 2, \ldots, N\} \subset \{g(1), g(2), \ldots, g(N')\}$$

とすることができます. すると $n \geq N'$ に対して,

$$\sum_{k=1}^n a_{g(k)} = \sum_{k=1}^N a_k + \sum_{k \in S_n} a_{g(k)}$$

と, 和を分解できます. ただし,

$$S_n = \{k \in \{1, 2, \ldots, n\} | g(k) \geq N + 1\}$$

です. 包含関係

$$S_n \subset S_\infty := \{k \in \mathbb{N} | g(k) \geq N + 1\}$$

に注意しておきましょう.

すると, $n \geq N'$ に対して

$$\left| \sum_{k=1}^n a_{g(k)} - s \right| = \left| \sum_{k=1}^N a_k + \sum_{k \in S_n} a_{g(k)} - s \right|$$

$$\leq \left| \sum_{k=1}^{N} a_k - s \right| + \sum_{k \in S_n} |a_{g(k)}|$$

$$\leq \left| \sum_{k=1}^{N} a_k - s \right| + \sum_{k \in S_\infty} |a_{g(k)}| = \left| \sum_{k=1}^{N} a_k - s \right| + \sum_{k=N+1}^{\infty} |a_k|$$

$$= |s_N - s| + (t - t_N) < 2\epsilon$$

となります. これは, 順序をいれかえた級数 $\sum_{k=1}^{\infty} a_{g(k)}$ が s に収束することを意味します. ∎

級数が収束するかどうか, 簡単な判定法が知られています. 非負の項からなる級数の間の優級数関係を用います.

[定義] 優級数関係

非負の項からなる級数 $\sum_{k=1}^{\infty} A_k$, $\sum_{k=1}^{\infty} B_k$ があるとする. 正数 M があって, すべての $k \in \mathbb{N}$ に対して $A_k \leq MB_k$ が成り立つとき, $\sum_{k=1}^{\infty} B_k$ は $\sum_{k=1}^{\infty} A_k$ の優級数, $\sum_{k=1}^{\infty} A_k$ は $\sum_{k=1}^{\infty} B_k$ の劣級数だといい,

$$\sum_{k=1}^{\infty} A_k \preceq \sum_{k=1}^{\infty} B_k \quad \text{または} \quad \sum_{k=1}^{\infty} B_k \succeq \sum_{k=1}^{\infty} A_k$$

とあらわす.

非負の項からなるある級数の収束を示すのには, 収束することがわかっている優級数を見つけるのが常套手段です.

優級数定理

非負の項からなる 2 つの級数の間に優級数関係があって, 優級数の方が収束するとき, 劣級数も収束する.

[証明] 非負の項からなる 2 つの級数 $\sum_{k=1}^{\infty} A_k$, $\sum_{k=1}^{\infty} B_k$ の間に優級数関係 $\sum_{k=1}^{\infty} A_k \preceq \sum_{k=1}^{\infty} B_k$ があるとします. そして, 優級数の方の $\sum_{k=1}^{\infty} B_k$ は収束するとし, 極限を t としましょう. それぞれの部分和を,

$$s_n = \sum_{k=1}^{n} A_k, \quad t_n = \sum_{k=1}^{n} B_k$$

とします. 数列 $\{s_n\}_{n \in \mathbb{N}}$, $\{t_n\}_{n \in \mathbb{N}}$ はともに非減少列です. すべての自然数 n に対して

$$s_n \leq Mt_n \leq Mt$$

が成り立ちます. $\{s_n\}_{n \in \mathbb{N}}$ は上に有界な非減少列なので, 実数の連続性により収束します. ∎

非負数列 $\{A_k\}_{k \in \mathbb{N}}$ から定義される

$$\varlimsup_{n \to \infty} A_n^{1/n} := \lim_{n \to \infty} \left(\sup\{A_k^{1/k}\}_{k \geq n} \right)$$

という量をみてみましょう. まず $\sup\{A_k^{1/k}\}_{k \geq n}$ ですが, これは $\mathbb{R}$ の部分集合

$$\{A_k^{1/k}\}_{k \geq n} = \{A_n^{1/n}, A_{n+1}^{1/(n+1)}, \dots\}$$

の上限のことです. 第3話で説明したとおり, 一般に空でない実数の集合 $S \subset \mathbb{R}$ があたえられたとき, すべての $a \in S$ に対して $x \geq a$ となる実数 x を, S の上界というのでした. 上界全体の集合は, 空かもしれません. その場合 S の上限は無限大だといい,

$$\sup S = \infty$$

とあらわします. 少し復習しておくと, S の上界全体の集合は, 空でなければ必ず $[M, \infty)$ という形をしています. それがなぜかについて, 少し説明しておきましょう.

x が S の上界のとき, $y \geq x$ となる y も S の上界です. このことから, 上界全体の集合が (M, ∞) または $[M, \infty)$ という形になるといえます. (M, ∞) とはならないのは, M が S の上界ではないとすると, ある $x \in S$ に対して $x > M$ が成り立つということですから, 十分小さな $\delta > 0$ に対して $x > M + \delta$ が成立してしまい, $M + \delta \in (M, \infty)$ が S の上界だということに反するからです.

S の上界全体の集合が空でなく, $[M, \infty)$ となっている場合, S の最小の上界 M を S の上限といい,

$$\sup S = M$$

であらわすのでした.

$\{A_k^{1/k}\}_{k \geq n}$ は, n を増加させると包含関係で減少していくので, $\{A_k^{1/k}\}_{k \geq n}$ の上界全体の集合は包含関係で増大していきます. すると $\sup\{A_k^{1/k}\}_{k \geq n}$ も n の増加とともに減少していきます. $\{A_k^{1/k}\}_{k \in \mathbb{N}}$ は非負数列なので,

$$C_n = \sup\{A_k^{1/k}\}_{k \geq n}$$

は非負の数です. $\{C_n\}_{n\in\mathbb{N}}$ は, 非負の非増加列なので, 実数の連続性から収束します. それが

$$\varlimsup_{n\to\infty}\{A_n^{1/n}\}=\lim_{n\to\infty}C_n$$

のことです. $\{A_k^{1/k}\}_{k\in\mathbb{N}}$ が有界ではないときは, そもそも $\{A_k^{1/k}\}_{k\geq n}$ の上界はありませんので,

$$\varlimsup_{n\to\infty}\{A_n^{1/n}\}=\infty$$

とあらわします. 今はこの場合にはあまり興味はありません.

まず, $\{A_k^{1/k}\}_{k\in\mathbb{N}}$ は有界だとして

$$\varlimsup_{n\to\infty}\{A_n^{1/n}\}=c<1$$

の場合を考えます. $C_n=\sup\{A_k^{1/k}\}_{k\geq n}$ とおくと, $C_n\to c\ (n\to\infty)$ ということになります. この条件は, 任意の $\epsilon>0$ に対して自然数 N がとれて, $n\geq N$ ならば

$$|C_n-c|<\epsilon$$

が成り立つようにできることを意味します. ただ, $\{C_n\}_{n\in\mathbb{N}}$ は非増加列なので, これは

$$C_n<c+\epsilon$$

と同じ意味です. $c<1$ なので, $c+\epsilon<1$ がみたされるように ϵ を選んでおくことができます. 結局, $c<d<1$ となる任意の実数 d に対して, 自然数 N がとれて, $n\geq N$ ならば $C_n<d$, すなわち

$$A_n<d^n$$

が成り立つようにできます. すると, 十分大きな正数 M をとることにより, すべての自然数 k に対して,

$$A_k<Md^k$$

が成り立つようにできます. これが意味するのは, 優級数関係

$$\sum_{k=1}^{\infty}A_k\preceq\sum_{k=1}^{\infty}d^k$$

です. 右辺は無限等比級数

$$\sum_{k=1}^{\infty} d^k = \frac{d}{1-d}$$

です. したがって, $\sum_{k=1}^{\infty} A_k$ は収束します.

今の結果を非負の項からなる級数とは限らない一般の級数についていえば以下のようになります.

コーシーの判定法 I

複素数列 $\{a_k\}_{k\in\mathbb{N}}$ が

$$\varlimsup_{n\to\infty} |a_n|^{1/n} < 1$$

をみたすならば, 級数 $\sum_{k=1}^{\infty} a_k$ は絶対収束する.

次は, 有界な非負数列 $\{A_k\}_{k\in\mathbb{N}}$ が

$$\varlimsup_{n\to\infty} A_n^{1/n} = c > 1$$

をみたす場合を調べてみましょう. $C_n = \sup\{A_k^{1/k}\}_{k\geq n}$ のなす非増加数列 $\{C_n\}_{n\in\mathbb{N}}$ が $c > 1$ に収束するというわけですから, $1 < d < c$ となる任意の実数 d に対して, 自然数 N がとれて, $n \geq N$ ならば

$$C_n > d$$

が成り立つようにできます. これは $n \geq N$ ならば

$$A_n > d^n$$

を意味します. $d > 1$ ですので n を大きくすることにより A_n はいくらでも大きな値になります. つまり, $\{A_k\}_{k\in\mathbb{N}}$ は有界ではありません. 一般の級数については以下の通りとなります.

コーシーの判定法 II

複素数列 $\{a_k\}_{k\in\mathbb{N}}$ が

$$\varlimsup_{n\to\infty} |a_n|^{1/n} > 1$$

をみたすならば, 級数 $\sum_{k=1}^{\infty} a_k$ は発散する.

なお, 上の結果において, 単に「$\sum_{k=1}^{\infty} a_k$ は絶対収束しない」ではなく,

「$\sum_{k=1}^{\infty} a_k$ は発散する」なのは, $\{|a_k|\}_{k\in\mathbb{N}}$ が有界ではないことからきています. $\sum_{k=1}^{\infty} a_k$ が収束するためには, $a_k \to 0 \ (k \to \infty)$ が必要だからです.

　残っているのは, 非負数列 $\{A_k\}_{k\in\mathbb{N}}$ が

$$\varlimsup_{n\to\infty} A_n^{1/n} = 1$$

をみたす場合です. このときは, $\sum_{k=1}^{\infty} A_k$ は収束する場合もありますし, 発散する場合もあります. 例えば, $k \in \mathbb{N}$ に対して $A_k = 1$ とすれば,

$$\sum_{k=1}^{\infty} 1 = 1 + 1 + \cdots$$

は発散します.

　その一方で, $A_k = 1/k^2$ とすれば, $n > e = 2.71\cdots$ のとき

$$C_n = \sup\{A_k^{1/k}\}_{k \geq n} = n^{-2/n} = e^{-(2/n)\log n}$$

で, $C_n \to 1 \ (n \to \infty)$ となっていますが,

$$\sum_{k=1}^{\infty} A_k = \sum_{k=1}^{\infty} \frac{1}{k^2}$$

は以下のとおり収束します. 第 n 項までの部分和を s_n とおくと, $m > n$ をみたす自然数 m, n に対して

$$s_m - s_n = \sum_{k=n+1}^{m} \frac{1}{k^2} < \sum_{k=n+1}^{m} \frac{1}{k(k-1)} = \sum_{k=n+1}^{m} \left(\frac{1}{k-1} - \frac{1}{k}\right) = \frac{1}{n} - \frac{1}{m}$$

ですので,

$$|s_m - s_n| \to 0 \quad (m, n \to 0)$$

となっており, $\{s_n\}_{n\in\mathbb{N}}$ はコーシー列です. 第 20 話まで進むと,

$$\sum_{k=1}^{\infty} \frac{1}{k^2} = \frac{\pi^2}{6}$$

だということがわかります.

　2 つの収束級数 $\sum_{k=1}^{\infty} a_k$, $\sum_{k=1}^{\infty} b_k$ があったとき, $\sum_{k=1}^{\infty}(a_k + b_k)$ は自動的に収束します. これは, 任意の正数 ϵ に対して自然数 N がとれて, $m > n \geq N$ ならば

$$\left|\sum_{k=n+1}^{m} a_k\right| < \epsilon, \quad \left|\sum_{k=n+1}^{m} b_k\right| < \epsilon$$

が同時に成り立つようにでき，したがって

$$\left|\sum_{k=n+1}^{m}(a_k+b_k)\right| \leq \left|\sum_{k=n+1}^{m}a_k\right| + \left|\sum_{k=n+1}^{m}b_k\right| < 2\epsilon$$

となることからわかります．このとき，

$$\sum_{k=1}^{\infty}(a_k+b_k) = \sum_{k=1}^{\infty}a_k + \sum_{k=1}^{\infty}b_k$$

となっています．

収束級数の積についてはどうでしょうか．形式的には，

$$\left(\sum_{k=1}^{\infty}a_k\right)\left(\sum_{k=1}^{\infty}b_k\right) = \sum_{n=2}^{\infty}\sum_{k=1}^{n-1}a_k b_{n-k}$$

となりますが，右辺が収束するのかどうか心配になります．実は，$\sum_{k=1}^{\infty}a_k$，$\sum_{k=1}^{\infty}b_k$ のうち一方が絶対収束すれば右辺も収束します．しかしここでは，$\sum_{k=1}^{\infty}a_k$，$\sum_{k=1}^{\infty}b_k$ のどちらも絶対収束するとしましょう．すると，右辺は絶対収束しますので，そのことを確かめておきましょう．

これは，2 以上の任意の自然数 m に対して，

$$\sum_{n=2}^{m}\left|\sum_{k=1}^{n-1}a_k b_{n-k}\right| \leq \sum_{n=2}^{m}\sum_{k=1}^{n-1}|a_k||b_{n-k}| \leq \left(\sum_{k=1}^{m}|a_k|\right)\left(\sum_{k=1}^{m}|b_k|\right)$$
$$\leq \left(\sum_{k=1}^{\infty}|a_k|\right)\left(\sum_{k=1}^{\infty}|b_k|\right)$$

が成り立ち，したがって左辺の部分和のなす数列は上に有界な非減少列だということと，実数の連続性からわかります．

5話

べ き 級 数

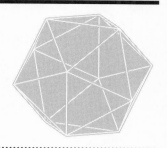

複素関数論で特に興味があるのは，

$$f(z) = a_0 + a_1(z - c) + a_2(z - c)^2 + \cdots$$

という形のべき級数であたえられる複素変数 z の関数です．ただし，$a_0, a_1, \ldots$，および c は複素数の定数です．上の式は，変数 z に依存する級数

$$\sum_{k=0}^{\infty} a_k(z - c)^k$$

として意味づけられます．当然，級数の収束性を気にしなければなりません．収束性の議論に，c の値は関係ないので，$c = 0$ とした

$$\sum_{k=0}^{\infty} a_k z^k = a_0 + a_1 z + a_2 z^2 + a_3 z^3 + \cdots$$

を考えることにしましょう．

係数 $\{a_k\}_{k=0,1,\ldots}$ の組み合わせを変えることにより，無数のべき級数を考えることができます．べき級数は，変数 z の値によって収束するかどうか変わります．そこで，べき級数 $\sum_{k=0}^{\infty} a_k z^k$ にコーシーの判定法を用いてみましょう．第 n 項の絶対値の n 乗根の振る舞いが収束性を決めているのでした．これは，

$$\varlimsup_{n \to \infty} |a_n z^n|^{1/n} = |z| \varlimsup_{n \to \infty} |a_n|^{1/n}$$

という具合にちょうど $|z|$ が因子として分離しますので，わかりやすくなっています．$\varlimsup_{n \to \infty} |a_n|^{1/n}$ が有限の正数だとしましょう．このとき，逆数を

$$r = \frac{1}{\varlimsup_{n \to \infty} |a_n|^{1/n}}$$

とおきます．

$$\varlimsup_{n \to \infty} |a_n z^n|^{1/n} = \frac{|z|}{r}$$

ですので, $|z| > r$ のときはべき級数は発散, $|z| < r$ のときは絶対収束すること
がわかります. このような性質をもつ正数 r がある場合, r をべき級数の収束半
径といいます.

$\overline{\lim}_{n \to \infty} |a_n|^{1/n} = 0$ のときはどんな z に対してもべき級数は収束します. こ
のときは収束半径は ∞ だといいます. また, $\overline{\lim}_{n \to \infty} |a_n|^{1/n} = \infty$ のとき, ゼ
ロでないどんな z に対してもべき級数は発散します. このとき, 収束半径を 0 と
します.

$1/0 = \infty, 1/\infty = 0$ と考え, これらすべての場合を次のようにまとめておき
ます

コーシー・アダマールの公式

べき級数の収束半径 r は

$$\frac{1}{r} = \overline{\lim_{n \to \infty}} |a_n|^{1/n}$$

であたえられる. 複素平面上の $z = 0$ を中心とする半径 r の円板の内部で
べき級数は絶対収束, 外部で発散する.

このように, べき級数の収束性は, 複素平面上の 1 つの円できれいに分かれて
いるということがわかりました. この円を収束円といいます. もちろん収束円
は半径 0 の 1 点のこともありますし, 複素平面全体でべき級数が収束する場合
には収束円はありません. 収束円上の点では, 収束する場合も発散する場合もど
ちらもあります.

複素関数は, 複素変数をもつ複素数値関数です. 複素平面の部分集合 D を定
義域とする写像 $f : D \to \mathbb{C}$ のことです.

同じ定義域をもつ複素関数の列を関数列といいます. より正確には, 自然数 n
に複素関数 $f_n : D \to \mathbb{C}$ を対応させたもののことで, $\{f_n\}_{n \in \mathbb{N}}$ とあらわします.
D から $\mathbb{C}$ への写像全体からなる, 複素関数の集合を関数空間とよぶことにする
と, 関数列というのは関数空間上の点列のことだと思えばよいです.

そうすると, そのような点列の収束について考えたくなります. 点列の収束を
定義するために, 点列がすんでいる空間の距離が必要となってきます. 今の場
合, それは関数空間の距離です. そこで, 2 つの関数 f, g の間の距離のようなも
のとして,

$$d(f, g) := \sup \left\{ |f(x) - g(x)| \in [0, \infty) \big| x \in D \right\}$$

を用います. $x \in D$ を D 上で動かしたときの, $|f(x) - g(x)|$ の値の上限です. f, g が有界でないときは無限大になることもあるので, 距離ではありません. ただ, 関数列の収束を定義するのには十分です. f, g, h が有界のときには, 3角不等式

$$d(f, g) + d(g, h) \geq d(f, h)$$

をみたしています. これを示すには, $x \in D$ の各点で

$$|f(x) - g(x)| + |g(x) - h(x)| \geq |f(x) - h(x)|$$

が成り立つことを用います. $d(f, g)$ は

$$A = \left\{ |f(x) - g(x)| \in [0, \infty) \big| x \in D \right\}$$

の上界なので, 任意の $x \in D$ に対して

$$d(f, g) \geq |f(x) - g(x)|$$

をみたします. 同様に $d(g, h)$ は

$$B = \left\{ |g(x) - h(x)| \in [0, \infty) \big| x \in D \right\}$$

の上界なので, 任意の $x \in D$ に対して

$$d(g, h) \geq |g(x) - h(x)|$$

が成り立ちます. したがって, 任意の $x \in D$ に対して

$$d(f, g) + d(g, h) \geq |f(x) - g(x)| + |g(x) - h(x)| \geq |f(x) - h(x)|$$

がみたされます. 以上のことから, $d(f, g) + d(g, h)$ は

$$C = \left\{ |f(x) - h(x)| \in [0, \infty) \big| x \in D \right\}$$

の上界だとわかりました. $d(f, h)$ は C の最小の上界なので,

$$d(f, g) + d(g, h) \geq d(f, h)$$

が成り立つというわけです.

　それでは, 関数列の収束を定義しておきましょう.

[定義]　一様収束

定義域を D とする複素関数の列 $\{f_n\}_{n\in\mathbb{N}}$ が $f : D \to \mathbb{C}$ に一様収束すると
は, 任意の正数 ϵ に対して自然数 N が存在して, $n \geq N$ ならば

$$d(f_n, f) < \epsilon$$

が成り立つことをいう.

複素平面上の点列の収束と形式的には同じものだということがわかります. あ
るいはもっと簡単に

$$d(f_n, f) \to 0 \quad (n \to \infty)$$

とあらわすこともできます.「$d(f_n, f) < \epsilon$ が成り立つ」というところは,「す
べての $x \in D$ に対して $|f_n(x) - f(x)| < \epsilon$ が成り立つ」と言い換えることもで
きます.

関数列が一様収束するというのは, D 上で各点収束, つまり任意の $x \in D$ につ
いて $f_n(x)$ が $f(x)$ に収束する, というのとは違います. 例えば $f_n : \mathbb{C}\setminus\{0\} \to \mathbb{C}$
を

$$f_n(z) = \frac{1}{nz}$$

と定義すると, 任意の $z \neq 0$ に対して

$$f_n(z) \to 0 \quad (n \to \infty)$$

ですので, 定値関数 0 に各点収束しますが, すべての自然数 n に対して

$$d(f_n, f) = \infty$$

なので, どの関数にも一様収束しません. 一様収束しない理由は, z が 0 から近
くなるほど $f_n(z)$ が 0 に近づく近づき方がにぶくなるからです.

関数列の 1 点 $z \in D$ における値が収束するというのは, $\epsilon > 0$ に対して自然
数 N がとれて, $n \geq N$ ならば $|f_n(z) - f(z)| < \epsilon$ が成り立つようにできること
です. 関数列が D の各点で収束するというとき, 必要となる自然数 N が各点ご
とに違っていてもよいです. 一方, 一様収束というのは, D 上の各点で共通の自
然数 N がとれる場合です. 関数列が, 一様な速さで目標の関数に近づくという
わけです. ですから, 定義域の各点で関数列の値が収束することは, 一様収束の

必要条件にはなっています.

　D 上の連続な複素関数からなる列 $\{f_n\}_{n\in\mathbb{N}}$ が $f: D \to \mathbb{C}$ に一様収束したとしましょう. このとき f は連続となるでしょうか. D 上で各点収束するだけなら連続関数に収束するとは限りません. 例えば $n \in \mathbb{N}$ に対して $\overline{B_{0,1}}$ 上の連続関数を

$$f_n(z) = |z|^n$$

であたえると, $\{f_n\}_{n\in\mathbb{N}}$ は $\overline{B_{0,1}}$ の各点で

$$f(z) = \begin{cases} 0 & (|z| < 1) \\ 1 & (|z| = 1) \end{cases}$$

という連続ではない関数に収束します.

　連続関数の列が一様収束するなら, 極限の関数も連続となることは以下のようにわかります.

連続関数の列の一様収束

連続関数の列が一様収束するなら, 極限の関数は連続となる.

[証明] 定義域を D とする関数列 $\{f_n\}_{n\in\mathbb{N}}$ が f に一様収束するとします. すると, 任意の $\epsilon > 0$ に対して, 自然数 N が存在して, $n \geq N$ ならば

$$|f_n(x) - f(x)| < \epsilon$$

がすべての $x \in D$ で成り立ちます. $n \geq N$ と D 上の任意の点 a を固定します. f_n は a で連続なので, $\delta > 0$ がとれて, $x \in B_{a,\delta}$ ならば

$$|f_n(x) - f_n(a)| < \epsilon$$

が成り立つようにできます. すると, $x \in B_{a,\delta}$ ならば

$$|f(x) - f(a)| \leq |f(x) - f_n(x)| + |f_n(x) - f_n(a)| + |f_n(a) - f(a)| < 3\epsilon$$

が成り立ちます. したがって f は a において連続です. $a \in D$ は任意だったので, 極限の関数 f は D 上で連続ということになります. ■

　関数列が一様収束するための十分条件として, 次のものがよく用いられます.

ワイエルシュトラスの判定法

複素平面の部分集合 D 上の関数列 $\{f_k\}_{k\in\mathbb{N}}$ と非負の項からなる数列 $\{A_k\}_{k\in\mathbb{N}}$ があって，すべての $z \in D$ とすべての自然数 k に対して

$$|f_k(z)| \le MA_k$$

が成り立つような正数 M がとれるとする．$\sum_{k=1}^{\infty} A_k$ が収束するならば，

$$s_n(z) = \sum_{k=1}^{n} f_k(z)$$

によって定義される D 上の関数列 $\{s_n\}_{n\in\mathbb{N}}$ は，D 上の各点で絶対収束し，

$$s(z) = \sum_{k=1}^{\infty} f_k(z)$$

であたえられる極限の関数 $s : D \to \mathbb{C}$ に一様収束する．

[証明] $\{A_k\}_{k\in\mathbb{N}}$ の部分和を $t_n = \sum_{k=1}^{n} A_k$ とおき，$\{t_n\}_{n\in\mathbb{N}}$ は収束列だとします．このとき任意の $\epsilon > 0$ に対して，自然数 N がとれて，$m > n \ge N$ ならば

$$t_m - t_n = \sum_{k=n+1}^{m} A_k < \epsilon$$

が成り立つようにできます．

すべての $z \in D$ とすべての自然数 k に対して

$$|f_k(z)| \le MA_k$$

が成り立つような正数 M がとれるとします．すると，

$$\sum_{k=n+1}^{m} |f_k(z)| \le M \sum_{k=n+1}^{m} A_k < M\epsilon$$

が成り立ちます．これは，$\sum_{k=1}^{\infty} f_k(z)$ が絶対収束することを意味します．

$s_n(z) = \sum_{k=1}^{n} f_k(z)$ とおき，$s(z) = \sum_{k=1}^{\infty} f_k(z)$ をその極限とすると，$m > n \ge N$ ならば，

$$|s_m(z) - s_n(z)| = \left| \sum_{k=n+1}^{m} f_k(z) \right| \le \sum_{k=n+1}^{m} |f_k(z)| < M\epsilon$$

となっていますので，$m \to \infty$ の極限をとることにより，$n \ge N$ ならば

$$|s(z) - s_n(z)| \le M\epsilon$$

が成り立ちます. これが D 上のすべての点 z で成り立つので, 関数列 $\{s_n\}_{n\in\mathbb{N}}$ は s に一様収束します. ■

簡単な応用例をみておきましょう.

収束円内の閉円板上のべき級数の一様収束性

> べき級数 $\sum_{k=0}^{\infty} a_k z^k$ の収束半径を r とする. $0 < R < r$ とするとき, この べき級数は閉円板 $\overline{B_{0,R}}$ 上で一様収束する.

[証明] $R < d < r$ となる実数 d をとります. d は複素平面上の点として考える と, 収束円の内側にある点なので, 級数 $\sum_{k=0}^{\infty} a_k d^k$ は絶対収束します. 特に, 数 列 $\{|a_k|d^k\}_{k=0}^{\infty}$ は有界なので, ある正数 M が存在して, すべての非負正数 k に 対して

$$|a_k|d^k \leq M$$

が成り立ちます. したがって, すべての非負正数 k に対して

$$|a_k z^k| \leq \frac{M|z|^k}{d^k}$$

が成り立ちます.

$|z| \leq R$ ならば等比級数 $\sum_{k=0}^{\infty}(|z|^k/d^k)$ は収束します. したがって, [ワイエ ルシュトラスの判定法] より, 級数 $\sum_{k=0}^{\infty} a_k z^k$ は $\overline{B_{0,R}}$ 上一様収束します. ■

もちろん, 関数の級数が一様収束するというのは, 部分和のなす関数列が一様 収束することを指しています. 部分和 $\sum_{k=0}^{n} a_k z^k$ は z の多項式なので連続関数 です. 連続関数からなる関数列が一様収束するので, 級数 $\sum_{k=0}^{\infty} a_k z^k$ が $\overline{B_{0,R}}$ 上で連続だということも同時にわかったことになります.

6話

正　則　関　数

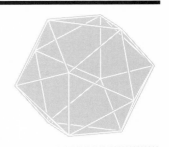

複素関数の微分について考えてみましょう. 複素平面上の複素関数 f は, $z = x+iy$ として $F(x,y) = f(x+iy)$ とすることにより, 実の 2 変数の複素数値関数とみなすことができます. 複素数値関数といっても, $F(x,y) = u(x,y)+iv(x,y)$ と分解することにより, 2 変数の実数値関数 u, v のペアがあるのと一緒です. ですので, 微分も実関数の場合と同じような話になるような気がしてきます.

しかし, 関数の微分可能性について調べていくと, 変数が複素数となっているために, 実の 2 変数の関数の場合にはなかった現象がみえてきます.

微分を考えるとき, 定義域の各点で r-近傍がとれるようにしておきたいので, 複素平面の開集合 U を定義域とする複素関数 $f : U \to \mathbb{C}$ を考えます.

[定義]　正則関数

$f : U \to \mathbb{C}$ を開集合 U 上の複素関数とする. U 上の点 z_0 において,

$$\lim_{c \to 0} \frac{f(z_0 + c) - f(z_0)}{c}$$

が極限をもつとき, f は z_0 において微分可能であるという. この極限を f の z_0 における微分係数といい, $f'(z_0)$ とあらわす. f が U のすべての点において微分可能なとき, f は U 上で正則だといい,

$$f' : U \to \mathbb{C}; z \mapsto f'(z)$$

で定義される複素関数 f' を f の導関数という.

別のいい方をすると, ある複素数 α があって, 任意の正数 ϵ に対して, $B_{z_0, \delta} \subset U$ となるような正数 δ がとれて, $0 < |c| < \delta$ ならば

$$\left| \frac{f(z_0 + c) - f(z_0)}{c} - \alpha \right| < \epsilon$$

が成り立つようにできるとき, f は z_0 において微分可能で, その α のことを $f'(z_0)$ と書きましょう, ということになります.

　複素関数の微分は, このように実関数の微分と形式的に同様に定義されます. ただし, 複素関数が微分可能なためには, 少し厳しめの条件が必要で, f は特殊な構造をもつことが要求されます.

　複素変数を, $z = x + iy$ と実変数 x, y のペアとみなすと, 複素関数 $f : U \to \mathbb{C}$ は

$$f(x + iy) = u(x, y) + iv(x, y)$$

のように, 2 変数の実関数 u, v のペアに分解できます. f が $z_0 = x_0 + iy_0 \in U$ で微分可能だとすると, $c = a + ib$ として,

$$\frac{f(z_0 + c) - f(z_0)}{c}$$

が $c \to 0$ の極限をもちます. 実変数の場合と違うのは, c が 0 に近づく近づき方が, 色々とあるという点にあります. $b = 0$ とおくと,

$$\frac{f(z_0 + a) - f(z)}{a} = \frac{u(x_0 + a, y_0) - u(x_0, y_0)}{a} + i\frac{v(x_0 + a, y_0) - v(x_0, y_0)}{a}$$

となりますが, これが $a \to 0$ の極限をもたなければならないので, $u(x, y), v(x, y)$ はともに $(x, y) = (x_0, y_0)$ において x で微分可能で, 極限が

$$\frac{f(z_0 + a) - f(z_0)}{a} \to u_x(x_0, y_0) + iv_x(x_0, y_0) \quad (a \to 0)$$

になるとわかります. ただし, $u_x(x_0, y_0)$ は, 点 $(x, y) = (x_0, y_0)$ における, $u(x, y)$ の変数 x に関する偏微分係数をあらわします. $v_x(x_0, y_0)$ についても同様で, 以下このような記法を用います.

　同様に $a = 0$ とおくと,

$$\frac{f(z_0 + ib) - f(z_0)}{ib} = \frac{u(x_0, y_0 + b) - u(x_0, y_0)}{ib} + i\frac{v(x_0, y_0 + b) - v(x_0, y_0)}{ib}$$

となりますが, これが $b \to 0$ で極限をもつので, $u(x, y), v(x, y)$ はともに $(x, y) = (x_0, y_0)$ において y で微分可能で, 極限は,

$$\frac{f(z_0 + ib) - f(z_0)}{ib} \to -iu_y(x_0, y_0) + v_y(x_0, y_0) \quad (b \to 0)$$

となります.

　今, 極限の 2 つの形があらわれましたが, 極限は 1 つしかないので, これらは互いに等しくなければなりません. このことから, 偏微分係数の間の関係式

$$u_x(x_0, y_0) = v_y(x_0, y_0), \quad u_y(x_0, y_0) = -v_x(x_0, y_0)$$

がえられます.

以上のことから, f が開集合 U 上で正則だとすれば, u, v は U 上で微分可能で, 偏導関数の間の関係式

$$u_x = v_y, \quad u_y = -v_x$$

をみたさなければなりません. この偏微分方程式のペアのことを, コーシー・リーマンの関係式といいます. これが, f が正則関数であるための必要条件です.

逆に, u, v が U 上で微分可能で, コーシー・リーマンの関係式をみたすとしましょう. u, v は $x_0 + iy_0 \in U$ で微分可能ですので, 任意の $\epsilon > 0$ に対して, $\delta > 0$ がとれて, 実数のペア (a, b) が $0 < \sqrt{a^2 + b^2} < \delta$ をみたすならば

$$|u(x_0 + a, y_0 + b) - u(x_0, y_0) - au_x(x_0, y_0) - bu_y(x_0, y_0)| < \epsilon\sqrt{a^2 + b^2},$$

$$|v(x_0 + a, y_0 + b) - v(x_0, y_0) - av_x(x_0, y_0) - bv_y(x_0, y_0)| < \epsilon\sqrt{a^2 + b^2}$$

が成り立つようにできます.

U 上の関数 f を $f = u + iv$ によって定義し, $z_0 = x_0 + iy_0, c = a + ib$ とおくと,

$$\frac{f(z_0 + c) - f(z_0)}{c} - u_x(x_0, y_0) - iv_x(x_0, y_0)$$
$$= \frac{u(x_0 + a, y_0 + b) - u(x_0, y_0) - au_x(x_0, y_0) - bu_y(x_0, y_0)}{a + ib}$$
$$+ \frac{i[v(x_0 + a, y_0 + b) - v(x_0, y_0) - av_x(x_0, y_0) - bv_y(x_0, y_0)]}{a + ib}$$

が示せます. ただし, コーシー・リーマンの関係式より

$$u_x(x_0, y_0) = v_y(x_0, y_0), \quad u_y(x_0, y_0) = -v_x(x_0, y_0)$$

を用いました.

すると, $0 < |c| < \delta$ ならば,

$$\left| \frac{f(z_0 + c) - f(z_0)}{c} - u_x(x_0, y_0) - iv_x(x_0, y_0) \right|$$
$$\leq \frac{|u(x_0 + a, y_0 + b) - u(x_0, y_0) - au_x(x_0, y_0) - bu_y(x_0, y_0)|}{\sqrt{a^2 + b^2}}$$
$$+ \frac{|v(x_0 + a, y_0 + b) - v(x_0, y_0) - av_x(x_0, y_0) - bv_y(x_0, y_0)|}{\sqrt{a^2 + b^2}}$$

$$< 2\epsilon$$

が成り立つことになります. したがって, f は $z_0 \in U$ で微分可能です. z_0 は任意なので f は U 上の正則関数だといえました.

以上は次のようにまとめることができます.

コーシー・リーマンの関係式

複素平面の開集合 U 上の関数 f が正則関数であるための必要十分条件は, $f = u + iv$ と書いたとき, u, v が U 上で微分可能で, コーシー・リーマンの関係式

$$u_x = v_y, \quad u_y = -v_x$$

をみたすこと.

複素関数の微分の定義自体は, 実関数と同様ですので, 実関数の微分に関するさまざまな性質はそのままあてはめることができます. f, g を複素平面の開集合 U 上の正則関数とし, 導関数をそれぞれ f', g' とします. $(f+g)(z) = f(z)+g(z)$ で定義される複素関数 $f+g$ や, 複素数 a に対して $(af)(z) = af(z)$ で定義される複素関数 af も U 上の正則関数となり, 導関数は, それぞれ $(f+g)' = f'+g'$, $(af)' = af'$ であたえられることが簡単に確かめられます.

また, $(fg)(z) = f(z)g(z)$ で定義される複素関数 fg については,

$$\frac{f(z+c)g(z+c) - f(z)g(z)}{c}$$
$$= \frac{f(z+c) - f(z)}{c}g(z+c) + f(z)\frac{g(z+c) - g(z)}{c}$$

と変形すると, $c \to 0$ の極限で収束することがみえてきます. つまり, fg は U 上正則で, 導関数はライプニッツ則 $f'g + fg'$ であたえられます.

$(1/f)(z) = 1/f(z)$ で定義される $1/f$ は,

$$\frac{1/f(z+c) - 1/f(z)}{c} = -\frac{f(z+c) - f(z)}{cf(z+c)f(z)}$$

より, $U \setminus f^{-1}(\{0\})$ 上正則で, つまり f のゼロ点以外では正則で, 導関数は $-f'/f^2$ となります.

$f : V \to \mathbb{C}$, $g : U \to \mathbb{C}$ がともに正則で, $V \supset g(U)$ とすると, $(f \circ g)(z) = f(g(z))$ によって合成関数 $f \circ g : U \to \mathbb{C}$ が定義されます. この場合,

$$\frac{f(g(z+c)) - f(g(z))}{c} = \frac{f(g(z) + [g(z+c) - g(z)]) - f(g(z))}{g(z+c) - g(z)} \frac{g(z+c) - g(z)}{c}$$

より, $f \circ g$ は正則で, 導関数が $(f' \circ g)g'$ となることがわかります.

$f(z) = z$ は $\mathbb{C}$ 上の正則関数で, $f'(z) = 1$ となります. その一方で, $f(z) = \overline{z}$ は, $f(x + iy) = x - iy$ となり, 複素平面のどの点においても, コーシー・リーマンの関係式をみたしませんので, 正則関数にはなりません. $f(z) = |z|$ のように, 絶対値がはいっている場合も, 正則関数ではありません.

自然数 k に対して, $f(z) = z^k$ は $\mathbb{C}$ 上の正則関数で,

$$f'(z) = kz^{k-1}$$

となります. これは, 微分の定義式にあてはめて 2 項定理を用いてもよいですし, ライプニッツ則を用いても求められます. より一般に, 多項式関数 $f(z) = \sum_{k=0}^{n} a_k z^k$ も $\mathbb{C}$ 上で正則で, 導関数は

$$f'(z) = \sum_{k=1}^{n} k a_k z^{k-1} = \sum_{k=0}^{n-1} (k+1) a_{k+1} z^k$$

となります.

それでは, べき級数 $f(z) = \sum_{k=0}^{\infty} a_k z^k$ の場合はどうでしょうか. これの導関数は,

$$g(z) = \sum_{k=0}^{\infty} (k+1) a_{k+1} z^k$$

となりそうです. $g(z)$ は $f(z)$ を項別微分したものです. 項別微分というのは, 名前が示すとおり, 各項を微分したものの級数のことです. あるいは, 第 n 項までの部分和の微分をほどこしてから, $n \to \infty$ の極限をとったもののことです. 1 つの疑問は, 微分操作と関数列の極限操作の順序をいれかえて, 互いに同じものをあたえるのか, というところにあります.

さしあたっては, べき級数の項別微分の収束半径について考えてみましょう. 項別微分の収束半径については, 次のようにわかりやすくなっています.

べき級数の項別微分の収束半径

べき級数 $\sum_{k=0}^{\infty} a_k z^k$ の収束半径が r のとき, それを項別微分したべき級数 $\sum_{k=1}^{\infty} k a_k z^{k-1}$ の収束半径も r となる.

[証明] $f(z) = \sum_{k=0}^{\infty} a_k z^k$ の収束半径を $r > 0$ とし, $g(z) = \sum_{k=1}^{\infty} k a_k z^{k-1}$ の収束半径を r' とします.

$r' < r$ だったと仮定しましょう. このとき, $r' < d < r$ となるように d をとります. $\sum_{k=0}^{\infty} a_k d^k$ は収束するので, $\{a_k d^k\}_{k \in \mathbb{N}}$ は有界です. つまり, ある正数 M が存在して, すべての自然数 k に対して

$$|a_k| d^k < M$$

が成り立ちます. $d < |z_0| < r$ となるように $z_0 \in \mathbb{C}$ をとると, すべての自然数 k に対して

$$|k a_k z_0^{k-1}| \leq \frac{|a_k| d^k}{|z_0|} k \frac{|z_0|^k}{d^k} < \frac{M}{d} k \frac{|z_0|^k}{d^k}$$

が成り立ちます. これは, 優級数関係

$$\sum_{k=1}^{\infty} |k a_k z_0^{k-1}| \preceq \sum_{k=1}^{\infty} k \frac{|z_0|^k}{d^k}$$

があることを示しています. 級数 $\sum_{k=1}^{\infty} k|z_0|^k/d^k$ は収束しますので, 第 4 話の [優級数定理] より, $g(z_0) = \sum_{k=1}^{\infty} k a_k z_0^{k-1}$ は絶対収束します. $|z_0| > r'$ ですので, $g(z)$ の収束円の外側で収束することになり不合理です. したがって, この場合は起こりません.

次に $r' > r$ という可能性について考えてみます. $r < |z_0| < r'$ をみたす $z_0 \in \mathbb{C}$ をとります. すると, すべての自然数 k に対して

$$|a_k z_0^k| < |z_0||k a_k z_0^{k-1}| < r'|k a_k z_0^{k-1}|$$

が成り立ちます. これは優級数関係

$$\sum_{k=1}^{\infty} |a_k z_0^k| \preceq \sum_{k=1}^{\infty} |k a_k z_0^{k-1}|$$

を意味します. z_0 は $g(z)$ の収束円の内側にあるので, $\sum_{k=1}^{\infty} k a_k z_0^{k-1}$ は絶対収束します. [優級数定理] より, $\sum_{k=1}^{\infty} a_k z_0^k$ も絶対収束します. もちろん, $\sum_{k=0}^{\infty} a_k z_0^k$ も絶対収束します. $|z_0| > r$ なので, $f(z)$ が収束円の外側で収束することになり不合理です. したがってこの場合も起こりません.

以上より, 消去法から $r' = r$ の場合しかありません. また, 上の議論をたどってみると, この結果が $r = 0, \infty$ のときにもあてはまることも確かめられます.

次に, べき級数を微分したものと, 項別微分したものが一致し, $f'(z) = g(z)$ となるのか, 考えてみましょう. 次を示すことが目標となります.

べき級数は項別微分可能

べき級数 $f(z) = \sum_{k=0}^{\infty} a_k z^k$ の収束半径を $r \neq 0$ とするとき, f は $B_{0,r}$ 上で正則で, 導関数は $f'(z) = \sum_{k=1}^{\infty} k a_k z^{k-1}$ であたえられる.

[証明] べき級数

$$f(z) = \sum_{k=0}^{\infty} a_k z^k, \quad g(z) = \sum_{k=0}^{\infty} (k+1) a_{k+1} z^k,$$

は収束半径が等しいので, それを $r > 0$ としましょう. $|z_0| < r$ となる複素平面上の点 $z_0 \in \mathbb{C}$ を任意にとります. $|z_0| < d < r$ をみたす d をとると, $g(z_0)$, $g(d)$ は絶対収束します. したがって, $g(z)$ の第 n 項までの部分和を

$$g_n(z) = \sum_{k=0}^{n} (k+1) a_{k+1} z^k$$

とすると, 任意の $\epsilon > 0$ に対して, 自然数 N がとれて,

$$|g(z_0) - g_{N-1}(z_0)| < \epsilon, \quad \sum_{k=N}^{\infty} (k+1)|a_{k+1}| d^k < \epsilon$$

が同時に成り立つようにできます. これら 2 つの不等式は, 意図的にこのようなあらわしかたをしていますが, なぜこの形であたえてあるのかは, あとでわかるようになっています.

$f(z)$ の第 n 項までの部分和を

$$f_n(z) = \sum_{k=0}^{n} a_k z^k$$

とすると, $\delta > 0$ がとれて, $0 < |c| < \delta$ ならば,

$$\left| \frac{f_N(z_0 + c) - f_N(z_0)}{c} - g_{N-1}(z_0) \right| < \epsilon$$

が成り立つようにできます.

これらのことから, $0 < |c| < \min\{\delta, d - |z_0|\}$ をみたす $c \in \mathbb{C}$ に対して,

$$\left| \frac{f(z_0 + c) - f(z_0)}{c} - g(z_0) \right|$$

$$= \left| \frac{f_N(z_0 + c) - f_N(z_0)}{c} - g(z_0) + \frac{1}{c} \sum_{k=N+1}^{\infty} a_k [(z_0 + c)^k - z_0^k] \right|$$

$$\leq \left| \frac{f_N(z_0 + c) - f_N(z_0)}{c} - g_{N-1}(z_0) \right|$$

$$+ \left|g(z_0) - g_{N-1}(z_0)\right| + \sum_{k=N+1}^{\infty} |a_k| \sum_{l=0}^{k-1} |z_0 + c|^{k-1-l}|z_0|^l$$

$$\leq \left|\frac{f_N(z_0+c) - f_N(z_0)}{c} - g_{N-1}(z_0)\right|$$

$$+ \left|g(z_0) - g_{N-1}(z_0)\right| + \sum_{k=N+1}^{\infty} k|a_k|d^{k-1} < 3\epsilon$$

が成り立ちます. したがって, $f(z)$ は $z = z_0$ において微分可能で, $f'(z_0) = g(z_0)$ が成り立ちます. $z_0 \in B_{0,r}$ は任意でしたので, f は $B_{0,r}$ 上で正則で, 導関数が $f'(z) = \sum_{k=1}^{\infty} ka_k z^{k-1}$ であたえられることが示されました. また, 上の議論は $r = \infty$ の場合にも正しいことが確かめられます. ∎

導関数が項別微分と一致するとき, 項別微分可能だといいます. べき級数の導関数もべき級数ですから, べき級数は何回でも微分できるということになります.

> **べき級数の係数**
>
> べき級数 $f(z) = \sum_{k=0}^{\infty} a_k z^k$ の収束半径を $r \neq 0$ とするとき, $f(z)$ の n 階導関数 $f^{(n)}(z)$ は同じ収束半径 r をもつべき級数となる. べき級数 $f(z)$ の各係数は, f の高階導関数の 0 における値を用いて
> $$a_k = \frac{f^{(k)}(0)}{k!}$$
> によってあたえられる.

[証明] $f(z)$ の n 階導関数 $f^{(n)}(z)$ が, $f(z)$ と同じ収束半径をもつべき級数となるのは, [べき級数は項別微分可能] よりしたがいます. このとき, n 階導関数は

$$f^{(n)}(z) = \sum_{k=n}^{\infty} \frac{k!}{(k-n)!} a_k z^{k-n} = \sum_{k=0}^{\infty} \frac{(k+n)!}{k!} a_{k+n} z^k$$

であたえられます. $z = 0$ における値は

$$f^{(n)}(0) = n! a_n$$

となることから, 係数 a_n が求まります. ∎

もちろん, $f(z) = \sum_{k=0}^{\infty} a_k(z-c)^k$ の場合は

$$f(z) = \sum_{k=0}^{\infty} \frac{f^{(k)}(c)}{k!}(z-c)^k$$

です.

　べき級数というのは, 数列 $\{a_k\}_{k \in \mathbb{N}}$ と中心 c からなる数値データと同一視できます. このデータから収束円が決まり, 収束円の内側では何回でも微分操作ができます. さらに, べき級数の係数は高階導関数の中心における値で決まっているということまでわかりました. このように, べき級数というのは素性が知れているものです. 一方, 複素関数論で興味があるのは, 正則関数です. 正則関数は微分可能性だけが要求されたものなので, べき級数以外の多様なものを含んでいるように思えます. しかし, 実はそうではないということをこれからみていくことになります.

7 話

コーシーの積分定理

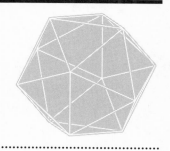

　正則関数とは, 開集合上で微分可能な複素関数のことでした. 正則関数 f の導関数 f' については, 今のところは, 連続関数かどうかもわかりません. あとでみることになりますが, 正則関数は無限回微分可能で, しかも定義域の各点を中心とするべき級数としてあらわすことができます. 正則関数のこのような際立った性質の源泉としてあるのは, コーシーの積分定理です. コーシーの積分定理の内容は,

$$\oint_\gamma f(z)dz = 0$$

とあらわされます. この等式が正則関数 f の定義域内にある, 一定の条件をみたす閉曲線 γ に対して成り立ちます. 今回はこのコーシーの積分定理の限定的なバージョンをみていきます. より一般の場合は, 第8話で明らかにします.

　閉曲線 γ に沿って $f(z)$ を線積分するのですが, γ は f の定義域内にある開集合 U の境界に沿ったものになっています.

$$f(z) = u(x,y) + iv(x,y), \quad dz = dx + idy$$

とすると, 上の積分は

$$\int_\gamma (u+iv)(dx+idy) = \int_\gamma [(u+iv)dx + (iu-v)dy]$$

となります. もしグリーンの公式

$$\int_\gamma (Pdx + Qdy) = \int_U (Q_x - P_y)\,dxdy$$

が使えれば, コーシー・リーマンの関係式より,

$$\int_\gamma f(z)dz = \int_U [-(u_y + v_x) + i(u_x - v_y)]\,dxdy = 0$$

のように簡単に示すことができます. ただ, グリーンの公式にはいくつかのバー

ジョンがあって, よく知られているのは, $P(x,y)$, $Q(x,y)$ が連続微分可能な場合, つまり, P, Q の1階偏導関数がすべて連続関数となっているときのものです. 正則関数の導関数は, 今の段階で連続関数になることが示されてないので, このバージョンのグリーンの公式を使うことはできません.

あまり知られていないバージョンは, P, Q に対する仮定が弱いもので, $(Q_x - P_y)$ が連続関数のときのものです. このバージョンのグリーンの公式は, コーシーの積分定理を導くのに使うことができます. そのような道筋をたどることもできますが, 以下の議論ではグリーンの公式は経由しないことにして, コーシーの積分定理に至るまでの考え方が伝わるように進めたいと思います.

これは複素積分についての話です. 複素積分というのは, 複素平面上の曲線に沿った線積分のことです. 複素平面上の曲線とは, 実数の閉区間 $[a,b]$ から $\mathbb{C}$ への連続写像 $\gamma : [a,b] \to \mathbb{C}$ のことで,

$$\gamma : [a,b] \to \mathbb{C}; t \mapsto \gamma(t) = x(t) + iy(t)$$

のように, $t \in [a,b]$ をパラメーターとしてあらわすことができるもののことです. $\gamma(a)$ を曲線 γ の始点, $\gamma(b)$ を終点とよびます. 始点と終点が一致するものを, 閉曲線とよびます. γ としては, 区分的になめらかなものを考えます.

[定義] 区分的になめらかな曲線

閉区間 $[a,b]$ 上に有限個の点

$$a = t_0 < t_1 < \cdots < t_m = b$$

があって, 曲線 $\gamma : [a,b] \to \mathbb{C}$ を, 各部分区間 $t \in [t_k, t_{k+1}]$ に制限したものがそれぞれ連続微分可能になっているとき, γ は区分的になめらかな曲線だという.

連続微分可能というのは, 微分可能で, かつ導関数が連続となることです.

開集合 U を定義域とする複素関数 $f : U \to \mathbb{C}$ と, U 内の曲線 $\gamma : [a,b] \to \mathbb{C}$ があったとき, γ に沿った f の線積分を,

$$\int_\gamma f(z)dz = \int_a^b f(\gamma(t))\gamma'(t)dt$$

によって定義します. f としては, 右辺が意味をもつようなもののみを考えることになります.

例えば

$$f : \mathbb{C} \setminus \{c\} \to \mathbb{C}; \ z \mapsto (z - c)^m$$

$$\gamma : [0, 2\pi] \to \mathbb{C}; \ t \mapsto c + \rho e^{it}$$

としてみましょう. ただし, c は複素数, m は整数, $\rho > 0$ です. このとき,

$$\int_{\gamma} f(z)dz = \int_0^{2\pi} (\rho e^{it})^m i\rho e^{it}dt = i\rho^{m+1} \int_0^{2\pi} e^{i(m+1)t}dt = \begin{cases} 0 & (m \neq -1) \\ 2\pi i & (m = -1) \end{cases}$$

のように計算します.

$f(z) = (z - c)^m$ は, $\mathbb{C} \setminus \{c\}$ 上の正則関数です. 上の例からわかるように $m = -1$ のときに積分がゼロにはなりません. ですから, 正則関数の閉曲線に沿った積分が常にゼロというわけではありません. コーシーの積分定理がどのような閉曲線を相手にしているのか, 注意しておかなければなりません.

複素平面の開集合 U をとります. U 内の 3 角形 $T(abc)$ とは, 複素平面の一般的な位置にある 3 点 a, b, c を頂点とする 3 角形

$$T(a, b, c) = \{pa + qb + rc \in \mathbb{C} | p, q, r \geq 0, p + q + r \leq 1\}$$

で, 3 角形の頂点, 辺, 面がすべて U に含まれるもの, つまり $T(a, b, c) \subset U$ となっているようなものを指します. $T(abc)$ の辺に沿って反時計回りに 1 周する区分的になめらかな曲線のことを $T(abc)$ の周とよび, $\partial T(abc)$ であらわします. U 上の 3 角形 $T_0 = T(abc)$ をとり, U 上の正則関数 f を ∂T_0 に沿った積分

$$\int_{\partial T_0} f(z)dz$$

を評価してみましょう.

複素積分を評価するのに次が有用です.

積分の 3 角不等式

$h : [a, b] \to \mathbb{C}$ を複素数値関数として,

$$\left| \int_a^b h(t)dt \right| \leq \int_a^b |h(t)|dt$$

が成り立つ.

[証明] 絶対値が 1 の複素数 α がとれて,

$$\left| \int_a^b h(t)dt \right| = \int_a^b \alpha h(t)dt$$

となるようにできます. これの実部をとると,

$$\left| \int_a^b h(t)dt \right| = \int_a^b \mathrm{Re}\,(\alpha h(t))dt$$

となります. $\mathrm{Re}\,(\alpha h(t)) \le |\alpha h(t)| = |h(t)|$ に注意すると,

$$\left| \int_a^b h(t)dt \right| \le \int_a^b |h(t)|dt$$

となります.

複素関数 g の曲線 γ に沿った積分にこの不等式を適用すると

$$\left| \int_\gamma g(z)dz \right| = \left| \int_a^b g(\gamma(t))\gamma'(t)dt \right| \le \int_a^b |g(\gamma(t))|\,|\gamma'(t)|\,dt = \int_\gamma |g(z)||dz|$$

が成り立ちます. 積分要素 $|dz|$ の意味は,

$$|dz| = |dx + idy| = \sqrt{dx^2 + dy^2}$$

です. より詳しくは, $\gamma(t) = x(t) + iy(t)$ のとき,

$$|dz| = |\gamma'(t)|dt = \sqrt{x'(t)^2 + y'(t)^2}\,dt$$

という意味です.

3 角形 T_0 の辺 bc, ca, ab の中点をそれぞれ a_1, b_1, c_1 として, 4 つの小 3 角形

$$T_1' = T(ab_1c_1),\ T_1'' = T(a_1bc_1),\ T_1''' = T(a_1b_1c),\ T_1'''' = T(a_1b_1c_1)$$

に分割します. すると,

$$\int_{\partial T_0} f(z)dz = \int_{\partial T_1'} f(z)dz + \int_{\partial T_1''} f(z)dz + \int_{\partial T_1'''} f(z)dz + \int_{\partial T_1''''} f(z)dz$$

と, 積分を分解することができます. 分割された小 3 角形の辺どうしが重なるところで, 曲線の向きが互い違いになっているために, その部分の積分への寄与がキャンセルしていることに注意しましょう (図 7.1).

右辺の 4 つの積分のうち, 絶対値が最大となるものの 1 つを選んで, それに対応する小 3 角形を T_1 とします. すると,

$$\left| \int_{\partial T_0} f(z)dz \right| \le \left| \int_{\partial T_1} f(z)dz \right| + \left| \int_{\partial T_1} f(z)dz \right| + \left| \int_{\partial T_1} f(z)dz \right| + \left| \int_{\partial T_1} f(z)dz \right|$$

$$\le 4\left| \int_{\partial T_1} f(z)dz \right|$$

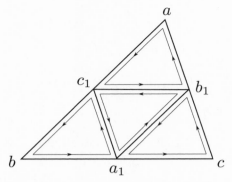

図 **7.1** 3 角形 T_0 の周に沿った積分の分解.

がえられます. 同様に T_1 を 4 つの小 3 角形 $T_2', T_2'', T_2''', T_2''''$ に細分し, それらの周に沿った積分の絶対値が最大となるものの 1 つを T_2 とし, さらに T_2 を 4 つの小 3 角形に分割し, という具合にこの操作を繰り返していきます. すると, 3 角形の包含列

$$T_0 \supset T_1 \supset \cdots \supset T_n \supset \cdots$$

がえられます. このとき, 不等式

$$\left| \int_{\partial T_0} f(z) dz \right| \leq 4^n \left| \int_{\partial T_n} f(z) dz \right|$$

が各自然数 n について成り立っています.

この時点ではじめて, f が正則だという性質を使うことになります. その前に, 次を示しておきましょう.

3 角形の分割の極限

T_0 の点 p があって, $p \in T_n$ がすべての自然数 n について成り立つ.

[証明] そのような点 p が存在しないとします. つまり, 任意の $z \in T_0$ に対して, ある自然数 n があって, $z \in (T_n)^c$ となっているとします. そうすると, $\{(T_n)^c\}_{n \in \mathbb{N}}$ は T_0 の開被覆になります. T_0 は複素平面の有界閉集合でコンパクトなので, $\mathbb{N}$ の有限部分集合 S がとれて, $\{(T_n)^c\}_{n \in S}$ が T_0 の開被覆になっているようにできます.

$$(T_1)^c \subset (T_2)^c \subset \cdots$$

より, S に属する最大の自然数を N とすると, $(T_N)^c \supset T_0$ となっていることに
なります. これは T_N が T_0 の外部にあるということを意味しており不合理で
す. ■

$p \in T_n$ がすべての自然数 n について成り立つような T_0 の点 p をとります. f
は正則ですから, 任意の正数 ϵ に対して, 正数 δ がとれて, $0 < |z - p| < \delta$ なら

$$\left| \frac{f(z) - f(p)}{z - p} - f'(p) \right| < \epsilon$$

が成り立つようにできます. あるいは

$$|f(z) - f(p) - f'(p)(z - p)| < \epsilon |z - p|$$

という形にしておくと使いやすいです.

複素平面上の閉曲線 γ に沿って, z の 1 次式を積分すると,

$$\int_\gamma (z - q)dz = \int_a^b (\gamma(t) - q)\gamma'(t)dt = \left(\frac{1}{2}\gamma(t)^2 - q\gamma(t) \right)\bigg|_a^b = 0$$

とゼロになるので,

$$\int_{\partial T_n} f(z)dz = \int_{\partial T_n} \left[f(z) - f(p) - f'(p)(z - p) \right] dz$$

が成り立ちます. これから,

$$\left| \int_{\partial T_n} f(z)dz \right| \leq \int_{\partial T_n} |f(z) - f(p) - f'(p)(z - p)||dz|$$
$$< \epsilon \int_{\partial T_n} |z - p||dz|$$

という不等式がえられます.

右辺は評価しやすくなっています. 3 角形 T_0 の辺のうち, 最も長いものの長
さを l としておきます. すると, T_n の辺で最も長いものは長さ $2^{-n}l$ です. また,
T_n の周の長さについては,

$$\int_{\partial T_n} |dz| \leq \frac{3l}{2^n}$$

となります. T_n 上の任意の 2 点間の距離は, 最大辺の長さをこえることはない
ので, 特に

$$z \in \partial T_n \quad \text{ならば} \quad |z - p| \leq \frac{l}{2^n}$$

が成り立ちます. これらを用いると,

$$\int_{\partial T_n} |z - p||dz| < \int_{\partial T_n} \frac{l}{2^n} |dz| \leq \frac{3l^2}{4^n}$$

がえられます.

また, 自然数 n を十分大きく大きくとると,

$$z \in \partial T_n \quad \text{ならば} \quad 0 < |z - p| < \delta$$

がみたされます.

今までのことをまとめると, 十分大きい自然数 n に対し,

$$\left| \int_{\partial T_0} f(z)dz \right| \leq 4^n \left| \int_{\partial T_n} f(z)dz \right| < 3\epsilon l^2$$

が成り立つことになります. したがって最左辺はゼロでなければなりません. 次がいえたことになります.

3 角形についてのコーシーの積分定理

f を複素平面の開集合 U 上の正則関数, T_0 を U 内の 3 角形とするとき,

$$\int_{\partial T_0} f(z)dz = 0$$

が成り立つ.

これは簡単に拡張することができます.

多角形についてのコーシーの積分定理

f を複素平面の開集合 U 上の正則関数, P を U 内の多角形とするとき,

$$\int_{\partial P} f(z)dz = 0$$

が成り立つ.

∂P というのは, 多角形の辺に沿って反時計回りに 1 周する区分的になめらかな閉曲線のことです. 多角形 P の内部にいくつかの頂点を加えることにより, それらの頂点を結ぶ 3 角形によって, P を分割できます. それが

$$P = \bigcup_{k=1}^{m} T_k, \quad (T_k)^i \cap (T_l)^i = \emptyset \quad (k \neq l)$$

となるような有限個の 3 角形 $\{T_k\}_{k=1}^{m}$ による分割だとすると,

$$\int_{\partial P} f(z)dz = \sum_{k=1}^{m} \int_{\partial T_k} f(z)dz = 0$$

となることに注意すればよいです, こうなるのは, 3 角形の辺のうち P の内部を通るものが, 必ず別の 3 角形の逆向きの辺とペアになっていて, 積分への寄与がすべてキャンセルするからです.

コーシーの積分定理から, 正則関数の原始関数の存在が示せます.

円板上の正則関数の原始関数

複素平面の開円板 B 上の正則関数 f に対して, $F : B \to \mathbb{C}$ が存在して, $F' = f$ をみたす.

ここでの開円板は, 幾何学的な開円板, つまり $B = B_{p,R}$ という形をしたもののことです.

[証明] f を開円板 $B = B_{0,R}$ 上の正則関数とします. l_z を 0 を始点, $z \in B$ を終点とする線分として, $F : B \to \mathbb{C}$ を

$$F(z) = \int_{l_z} f(z)dz$$

によって定義します. $z = x + iy$ として, $0, x, x + iy$ を頂点とする 3 角形についてコーシーの積分定理を用いると,

$$F(x + iy) = \int_0^x f(t)dt + \int_0^y f(x + it)idt$$

となります. これから

$$\frac{\partial F(x + iy)}{\partial y} = if(x + iy)$$

です. $F = U + iV, f = u + iv$ とすると,

$$U_y = -v, \quad V_y = u$$

がいえたことになります. 同様に, $0, iy, x + iy$ を頂点とする 3 角形を考えると,

$$F(x + iy) = \int_0^y f(it)idt + \int_0^x f(t + iy)dt$$

ですので,

$$\frac{\partial F(x + iy)}{\partial x} = f(x + iy)$$

となり, これは

$$U_x = u, \quad V_x = v$$

を意味します. 以上より U, V はコーシー・リーマンの関係式をみたし, F は B 上の正則関数だとわかりました. その導関数は $F'(z) = \partial F(x+iy)/\partial x = f(z)$ であたえられます. ∎

円板上の正則関数 f については, $F' = f$ となる原始関数が存在することがわかったのですが, 一般の開集合 U 上の正則関数の原始関数はあるでしょうか. 実はこれはいつもあるとは限りません. 例えば,

$$f : \mathbb{C} \setminus \{0\} \to \mathbb{C}; z \mapsto \frac{1}{z}$$

を考えてみましょう. f の定義域を $B_{1,1}$ に制限すると

$$F(z) = \log z := \log|z| + i \arg z$$

という原始関数をもちます. 別の書き方では,

$$F(x + iy) = \log \sqrt{x^2 + y^2} + i \arctan \frac{y}{x}$$

となります.

$$\frac{\partial}{\partial x} \log \sqrt{x^2 + y^2} = \frac{x}{x^2 + y^2} = \frac{\partial}{\partial y} \arctan \frac{y}{x},$$
$$\frac{\partial}{\partial y} \log \sqrt{x^2 + y^2} = \frac{y}{x^2 + y^2} = -\frac{\partial}{\partial x} \arctan \frac{y}{x}$$

ですので, $F(z)$ がコーシー・リーマンの関係式をみたし, $F'(z) = 1/z$ となっていることが確かめられます. ところが, $\log z$ の虚部は z の偏角ですので, $\mathbb{C} \setminus \{0\}$ で定義されていると考えて, 0 のまわりを 1 周すると 2π だけ値が増加します. つまり多価となっていて, 関数ではありません. 一般には原始関数は局所的にしか存在しないことを教えてくれる例になっています.

ここでみてきたのは限定された状況におけるコーシーの積分定理です. より一般の場合は, 正則関数の大域的な原始関数の存在と密接に関わっています. そのことについては, 次の話でみていくことにしましょう.

8 話

大域的な原始関数

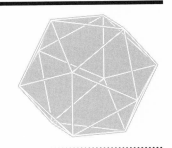

コーシーの積分定理については，第7話では限定的なバージョンをみてきました．ここではそれをより一般的な状況に拡張します．2通りのアプローチでこの一般化を行いますが，最初の方法は，正則関数と同じ定義域をもつ大域的な原始関数の存在条件に関連しています．

大域的な原始関数はいつもあるわけではありません．それが存在するために障害となるのは，結論からいうと，正則関数の定義域に「穴」が空いていることです．第7話で大域的な原始関数をもたない例としてあげた，

$$f : \mathbb{C} \setminus \{0\} \to \mathbb{C}; z \mapsto \frac{1}{z}$$

をもう一度考えてみましょう．$f(z) = 1/z$ は，0 が除外されていることが障害になっています．もし，$f(z) = 1/z$ の定義域を

$$\mathbb{C} \setminus \{x \in \mathbb{R} | x \leq 0\}$$

とすれば，つまり，実軸の非負の部分に「ブランチ・カット」をいれれば，$F(z) = \log z$ は大域的な原始関数となっています．穴というのは，定義域外の集合なのに，定義域内の閉曲線でそのまわりを一周できるもののことですが，ブランチ・カットをいれることにより，そのような閉曲線が排除されるというわけです．

このことをもう少し正確に定式化できます．

[定義] 単連結

複素平面の部分集合 A が単連結であるとは，A 内の任意の閉曲線が A 内の連続変形によって，定値写像にできること．つまり，任意の閉曲線 $\gamma : [a, b] \to A$ に対し，連続写像 $g : [0, 1] \times [a, b] \to A$ で，

$$g(0, t) = \gamma(t), \quad g(s, a) = g(s, b), \quad g(1, t) = p$$

が任意の $s \in [0,1]$, $t \in [a,b]$ について成り立つようなものが存在すること.

単連結性の判定に用いる閉曲線に, 微分可能性は要求していません. $\gamma_s(t) = g(s,t)$ とすると, $s \in [0,1]$ ごとに閉曲線 γ_s があって, $\gamma_0 = \gamma$ で, γ_1 が定値写像, つまり無限小のループになっています (図 8.1). 変形のパラメーター s を 0 から 1 に動かすにつれて, 閉曲線 γ が 1 点 p にたぐり寄せられるという様子を思い浮かべるとよいです. つまり, 単連結な空間というのは, その中の任意のループをたぐり寄せることができるという性質をもつものです. ループをたぐり寄せるときに, 穴に引っかかるということがありません.

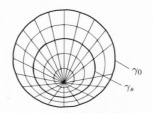

図 8.1　閉曲線の連続変形.

複素平面の開集合 U 上の正則関数 f について考えてみましょう. U の各点 z は, r-近傍 $U_z = B_{z,r}$ をもち, $U_z \subset U$ となっています. もちろんこの r は z によります. したがって, U は U 内の開円板のみによって構成される被覆をもちます. U 内の開円板による U の開被覆を $\{U_\lambda\}_{\lambda \in \Lambda}$ とすると, f は U_λ 上では原始関数をもちますので, それを $F_\lambda : U_\lambda \to \mathbb{C}$ とします. F_λ には定数の不定性があります. 例えば $F_\lambda(z) = \log z$ は, $f(z) = 1/z$ の U_λ 上の局所的な原始関数となっていますが, c を定数として $F_\lambda(z) = \log z + c$ と選ぶこともできます. どの定数 c を選んでもよくて, どれか 1 つだけ正しい選択があるというわけではありません.

開被覆 $\{U_\lambda\}_{\lambda \in \Lambda}$ に属しているすべての開円板上で f の局所的な原始関数を選ぶことができます. $\lambda, \sigma \in \Lambda$ として, $\lambda \neq \sigma$ かつ $U_\lambda \cap U_\sigma \neq \emptyset$ のとき,

$$U_{\lambda\sigma} = U_\lambda \cap U_\sigma$$

と書きます. $\lambda \neq \sigma$ かつ $U_\lambda \cap U_\sigma \neq \emptyset$ となるペア (λ, σ) 全体のなす集合を Λ_1 としておきましょう.

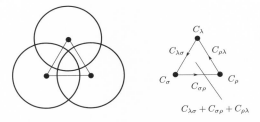

図 **8.2** U_λ に頂点, $U_{\lambda\sigma}$ に辺, $U_{\lambda\sigma\rho}$ に面を対応させて,「被覆の骨格」を考えるとよい.

$(\lambda, \sigma) \in \Lambda_1$ のとき, $U_{\lambda\sigma}$ 上では F_λ と F_σ の両方が定義されています. ところが, それらは定数しか違いがありません. つまり, $z \in U_{\lambda\sigma}$ 上で $F_\lambda(z) - F_\sigma(z)$ は定数関数となります. その定数を $c_{\lambda\sigma}$ とします. 局所的な原始関数の組 $\{F_\lambda\}_{\lambda \in \Lambda}$ が,

$$c : \Lambda_1 \to \mathbb{C}; (\lambda, \sigma) \mapsto c_{\lambda\sigma}$$

という Λ_1 上の複素数値関数 c を定義していることになります. これらは,

$$c_{\sigma\lambda} = -c_{\lambda\sigma}$$

という関係をみたしています. c は Λ_1 上の複素数値関数ですが, 幾何学的には $U_{\lambda\sigma}$ 上の局所定数関数の組 $\{c_{\lambda\sigma}\}$ のことだと捉えます.

$U_\lambda \cap U_\sigma \cap U_\rho \neq \emptyset$ となる, 互いにすべて異なる添え字の組 (λ, σ, ρ) 全体の集合を Λ_2 として, $(\lambda, \sigma, \rho) \in \Lambda_2$ に対して

$$U_{\lambda\sigma\rho} = U_\lambda \cap U_\sigma \cap U_\rho$$

と書きます (図 8.2).

[定義] コサイクル

Λ_1 上の複素数値関数
$$C : (\lambda, \sigma) \mapsto C_{\lambda\sigma}$$
は, すべての $(\lambda, \sigma) \in \Lambda_1$ に対し
$$C_{\lambda\sigma} = -C_{\sigma\lambda}$$
が成り立ち, すべての $(\lambda, \sigma, \rho) \in \Lambda_2$ に対し
$$C_{\lambda\sigma} + C_{\sigma\rho} + C_{\rho\lambda} = 0$$
が成り立つとき, コサイクルだという.

f の局所原始関数の組から定義される $\{c_{\lambda\sigma}\}$ の場合, $U_{\lambda\sigma\rho}$ 上で

$$c_{\lambda\sigma} + c_{\sigma\rho} + c_{\rho\lambda} = (F_\lambda(z) - F_\sigma(z)) + (F_\sigma(z) - F_\rho(z)) + (F_\rho(z) - F_\lambda(z)) = 0$$

ですので, c はコサイクルです.

　コサイクルというのは, U の開被覆 $\{U_\lambda\}_{\lambda\in\Lambda}$ の構造に伴った概念です. U 上の正則関数が 1 つあると, それからコサイクルを 1 つ構成できるという話をしたところです.

　さて, コサイクル c には, 局所原始関数の定数の不定性からくる不定性があります. U_λ 上, f の原始関数として F_λ のかわりに

$$F_\lambda \mapsto F_\lambda + b$$

とすれば, $(\lambda, \sigma) \in \Lambda_1$ となるすべての $\sigma \in \Lambda$ に対し,

$$c_{\lambda\sigma} \mapsto c_{\lambda\sigma} + b, \quad c_{\sigma\lambda} \mapsto c_{\sigma\lambda} - b,$$

と変換します. より一般に, 各 $\lambda \in \Lambda$ に対して f の局所原始関数として,

$$\widetilde{F}_\lambda = F_\lambda + b_\lambda$$

と選んだ場合, 対応するコサイクル c は,

$$\widetilde{c}_{\lambda\sigma} = c_{\lambda\sigma} + b_\lambda - b_\sigma$$

となります. 局所定数関数の組 $\{b_\lambda\}_{\lambda\in\Lambda}$ をうまくとることにより, すべての $(\lambda, \sigma) \in \Lambda_1$ に対して

$$\widetilde{c}_{\lambda\sigma} = 0$$

となったとしましょう. このとき, コサイクル c はコバウンダリだといいます.

[定義]　コバウンダリ

コサイクル C は, すべての $(\lambda, \sigma) \in \Lambda_1$ に対して, 局所定数関数の組 $\{B_\lambda\}_{\lambda\in\Lambda}$ を用いて,

$$C_{\lambda\sigma} = B_\sigma - B_\lambda$$

と書けるとき, コバウンダリだという.

　コサイクル, コバウンダリというのは, 位相幾何学におけるチェック・コホモロジー論の言葉です.

局所定数関数というのは, U_λ 上の定数関数のことです. c がコバウンダリの
とき, うまく局所定数関数の組 $\{b_\lambda\}$ を選べば

$$c_{\lambda\sigma} = b_\sigma - b_\lambda$$

と書けるので, すべての $U_{\lambda\sigma}$ 上で, 局所関数 $F_\lambda + b_\lambda$ と $F_\sigma + b_\sigma$ が一致します.
このとき,

$$F(z) = F_\lambda(z) + b_\lambda \quad (z \in U_\lambda)$$

とすることにより, F は U 上で大域的に定義された f の原始関数となります.
この議論からわかることは, 次のようにまとめられます.

> **原始関数の存在の十分条件**
>
> 複素平面の開集合 U の, U 内の開円板による被覆を $\{U_\lambda\}_\lambda$ とする. 任意の
> コサイクル $\{C_{\lambda\sigma}\}_{(\lambda,\sigma)\in\Lambda_1}$ がコバウンダリとなるとき, つまり, 局所定数関数
> $\{B_\lambda\}_{\lambda\in\Lambda}$ によって
>
> $$C_{\lambda\sigma} = B_\sigma - B_\lambda$$
>
> と書けるとき, U 上の任意の正則関数は原始関数をもつ.

コバウンダリではないコサイクルというのがどのようなものかみておきましょ
う. U の U 内の開円板による被覆が $\{U_1, U_2, U_3\}$ だとし,

$$\Lambda_1 = \{(1,2),(2,1),(2,3),(3,2),(1,3),(3,1)\},$$
$$\Lambda_2 = \emptyset$$

となっているとしましょう. このとき

$$c_{12} = -c_{21} = 1$$

でその他の $(i,j) \in \Lambda_1$ に対しては $c_{ij} = 0$ としましょう. すると, c はコサイク
ルとなっています. 形式的には $c_{12} + c_{23} + c_{31} = 1 \neq 0$ なので, コサイクルに
なってないと思うかもしれませんが, $U_1 \cap U_2 \cap U_3 = \emptyset$ ですので, $c_{12} + c_{23} + c_{31}$
に対する条件式はそもそも考える必要がありません.

これがコバウンダリとなるためには, 定数の組 $\{b_i\}$ があって,

$$c_{12} = b_2 - b_1 = 1,$$
$$c_{23} = b_3 - b_2 = 0,$$

$$c_{31} = b_1 - b_3 = 0$$

をみたす必要がありますが, 3 つの式の両辺の和をとると, この連立方程式には解がないことはすぐにわかります. コバウンダリではないコサイクル c があるので, U 上の正則関数に原始関数が存在することは保証できません.

この例では, U は 3 つの開円板をつなげて輪っかを作ったような形をしています. つまり, U は単連結ではありません. 一般に次が成り立ちます.

単連結な開集合の被覆の性質

U を複素平面の単連結な開集合とするとき, U 内の開円板による U の被覆の選び方によらず, 任意のコサイクルはコバウンダリとなる.

これは, 位相幾何学からの結果ですが, 証明するためにはもう少し精密な議論を必要とします. ここでは証明なしに認めることにします. そうすると, [原始関数の存在の十分条件] より, 次がいえることになります.

単連結な開集合上の正則関数

単連結な開集合上の正則関数は, 原始関数をもつ. つまり, U を単連結な開集合, $f : U \to \mathbb{C}$ を正則関数とするとき, U 上で $F' = f$ となる正則関数 $F : U \to \mathbb{C}$ が存在する.

原始関数の存在から, コーシーの積分定理を一般の閉曲線に拡張できます. 次のことに注意しておきましょう.

原始関数をもつ関数の積分

f は開集合 U 上の正則関数で, 原始関数 $F : U \to \mathbb{C}$ をもつとする. $\gamma : [a, b] \to U$ を U 内の区分的になめらかな曲線とするとき,

$$\int_\gamma f(z)dz = F(\gamma(b)) - F(\gamma(a))$$

が成り立つ.

[証明] 曲線 $\gamma : [a, b] \to U$ が連続微分可能のときは,

$$\int_\gamma f(z)dz = \int_a^b f(\gamma(t))\gamma'(t)dt = \int_a^b F'(\gamma(t))\gamma'(t)dt$$

$$= \int_a^b \frac{dF(\gamma(t))}{dt}dt = F(\gamma(b)) - F(\gamma(a))$$

となります. 次に $\gamma : [a, b] \to U$ が区分的になめらかだとします. つまり,

$$a = t_0 < t_1 < \cdots < t_m = b$$

として, γ が各閉区間 $[t_{i-1}, t_i]$ では連続微分可能だとします. この場合,

$$\int_\gamma f(z)dz = \sum_{i=1}^m \int_{t_{i-1}}^{t_i} f(\gamma(t))\gamma'(t)dt = \sum_{i=1}^m [F(\gamma(t_i)) - F(\gamma(t_{i-1}))]$$
$$= F(\gamma(b)) - F(\gamma(a))$$

となっています. ■

これを用いると, ただちに次がしたがいます.

単連結な開集合におけるコーシーの積分定理

f を単連結な開集合 U 上の正則関数とし, γ を U 内の任意の区分的になめらかな閉曲線とするとき,

$$\int_\gamma f(z)dz = 0$$

が成り立つ.

これはかなり一般的な形のコーシーの積分定理です. この結論に至るのに, 別のルートをたどることもできます. 積分路の連続変形を考えるものです.

正則関数 f を閉曲線 γ に沿って積分したとき, 実は積分路を定義域 U 内で連続変形しても積分の値が変わらないという性質があります. U が単連結のとき, U 内の閉曲線は定値写像, つまり無限小の閉曲線に変形できるので, 積分の値はゼロだということがわかります.

具体的に複素積分を行うときに, 積分路を変形することによって, 計算がしやすくなることがあるので, この考え方は知っておくと役に立ちます. そのしくみをみておきましょう.

曲線の連続変形については先ほども説明しましたが, ここであらためて定式化しておきます.

[定義] 閉曲線のホモトピー

U 内の区分的になめらかとは限らない 2 つの閉曲線 $\gamma_0, \gamma_1 : [a, b] \to U$ に対して連続写像

$$g : [0, 1] \times [a, b] \to U; (s, t) \mapsto g_s(t) = g(s, t)$$

が存在して,

$$g_0(t) = \gamma_0(t), \quad g_1(t) = \gamma_1(t), \quad g_s(a) = g_s(b) \quad ((s, t) \in [0, 1] \times [a, b])$$

が成り立つとき, γ_0 と γ_1 は互いに U 内でホモトープだという. このとき, 連続写像 g を γ_0, γ_1 の間の U 内のホモトピーという.

ホモトピーは変形のパラメーター s をもつ閉曲線 g_s のことですが, これは区分的になめらかな閉曲線とは限りません. このままでは不便ですので, 次のようなホモトピーのみを考えたくなります.

[定義] 閉曲線の区分的になめらかなホモトピー

区分的になめらかな 2 つの閉曲線の間の開集合 U 内のホモトピー $g :$ $[0, 1] \times [a, b] \to U$ は, 各 $s \in [0, 1]$ に対して

$$g_s : t \mapsto g(s, t)$$

が区分的になめらかで, 各 $t \in [a, b]$ に対して

$$\eta_t : s \mapsto g(s, t)$$

が区分的になめらかなとき, 区分的になめらかなホモトピーだという.

区分的になめらかな 2 つの閉曲線が互いにホモトープなとき, ホモトピーとして, 区分的になめらかなホモトピーを選ぶことができます.

区分的になめらかなホモトピーへの変形

開集合 U 内の区分的になめらかな 2 つの閉曲線が互いにホモトープなとき, それらの間には, U 内の区分的になめらかなホモトピーが存在する.

【証明】 $\gamma_0, \gamma_1 : [0, 1] \to U$ を開集合 U 内の区分的になめらかな閉曲線とし, これらの間のホモトピー

$$g : [0,1] \times [0,1] \to U ; (s,t) \mapsto g_s(t)$$

があるとします.

$U = \mathbb{C}$ のときは,

$$h(s,t) = (1-s)\gamma_0(t) + s\gamma_1(t)$$

とすれば, h が γ_0 と γ_1 の間の区分的になめらかなホモトピーをあたえますので, 以下では $U \neq \mathbb{C}$ とします.

g の像

$$K = \{g(s,t) \in U \,|\, s \in [0,1], t \in [0,1]\}$$

は, 第3話の [コンパクト部分集合の連続写像による像] より, $\mathbb{R}^2$ のコンパクト集合 $[0,1] \times [0,1]$ の連続写像による像として, 複素平面のコンパクト集合です.

$x \in K$ と U の補集合 U^c との間の距離を

$$d(x, U^c) = \inf\{d(x,y) \,|\, y \in U^c\}$$

とします. 右辺は x と U^c の点との間の距離の下限です. x は U の内点ですので, ある正数 ϵ_x について $B_{x,\epsilon_x} \subset U$ となります. したがって $d(x, U^c) > 0$ で, $d(x, U^c) = 0$ となることはありません. $x \mapsto d(x, U^c)$ はコンパクト集合 K 上の正値の連続関数ですので, 第3話の [極値定理] より, 正の最小値をもちます. その最小値を ϵ とすると, すべての $x \in K$ に対して $B_{x,\epsilon} \subset U$ が成り立つことになります.

g は $\mathbb{R}^2$ のコンパクト集合上の連続関数なので, 第3話の [コンパクト部分集合上の連続写像は一様連続] より一様連続です. つまり正数 δ がとれて, $[0,1] \times [0,1]$ 上の 2 点 (s,t), (s_*, t_*) が,

$$\sqrt{(s - s_*)^2 + (t - t_*)^2} < \delta$$

をみたすなら,

$$|g(s,t) - g(s_*, t_*)| < \epsilon$$

が成り立つようにできます.

自然数 N を, $1/N < \delta/\sqrt{2}$ が成り立つように十分大きくとります. このとき, $k, l = 0, 1, \ldots, N$ に対して

$$(s_k, t_l) = \left(\frac{k}{N}, \frac{l}{N}\right)$$

とします. これらは $[0,1] \times [0,1]$ 上で格子状に分布した点をあらわしています. $G : [0,1] \times [0,1] \to \mathbb{C}$ を, $(s,t) \in [s_{k-1}, s_k] \times [t_{l-1}, t_l]$ $(k, l = 1, 2, \ldots, N)$ に対して

$$G(s,t) = \frac{s_k - s}{s_k - s_{k-1}} \frac{t_l - t}{t_l - t_{l-1}} g(s_{k-1}, t_{l-1}) + \frac{s - s_{k-1}}{s_k - s_{k-1}} \frac{t_l - t}{t_l - t_{l-1}} g(s_k, t_{l-1})$$

$$+ \frac{s - s_{k-1}}{s_k - s_{k-1}} \frac{t - t_{l-1}}{t_l - t_{l-1}} g(s_k, t_l) + \frac{s_k - s}{s_k - s_{k-1}} \frac{t - t_{l-1}}{t_l - t_{l-1}} g(s_{k-1}, t_l)$$

となるように定義します. このようにすると, 各 (s_k, t_l) については

$$G(s_k, t_k) = g(s_k, t_l)$$

となっています. 4 点 (s_{k-1}, t_{l-1}), (s_{k-1}, t_l), (s_k, t_l), (s_k, t_{l-1}) で囲まれる $[0,1] \times [0,1]$ 内の小正方形 σ_{kl} の G による像を Σ_{kl} とすれば, これは一般に 4 点 $g(s_{k-1}, t_{l-1})$, $g(s_{k-1}, t_l)$, $g(s_k, t_l)$, $g(s_k, t_{l-1})$ に囲まれる複素平面内の 4 角形になります. $(s,t) \in \sigma_{kl}$ とすると,

$$\sqrt{(s - s_k)^2 + (t - t_l)^2} < \delta$$

ですので,

$$|G(s,t) - g(s_k, t_k)| < \epsilon$$

がみたされます. したがって, $\Sigma_{kl} \subset U$ となります. これが各 $k, l = 1, 2, \ldots, N$ に対していえるので, G の像は U に収まることになります.

$G_0 : t \mapsto G(0, t)$ は, $\gamma_0(t_0), \gamma_0(t_1), \ldots, \gamma_0(t_N)$ を結んでできる, γ_0 の折れ線近似です. 同様に, $G_1 : t \mapsto G(1, t)$ は γ_1 の折れ線近似です. G は, G_0 と G_1 の間の U 内の区分的になめらかなホモトピーです.

$$h_0(s, t) = (1 - s)\gamma_0(t) + sG_0(t),$$

$$h_1(s, t) = (1 - s)G_1(t) + s\gamma_1(t)$$

とすると, これは γ_0 と G_0, あるいは G_1 と γ_1 の間の区分的になめらかな, U 内のホモトピーをあたえています. h_0, G, h_1 を組み合わせたものが, γ_0 と γ_1 の間の, 区分的になめらかな U 内のホモトピーをあたえます. 具体的には

$$\widetilde{g}(s, t) = \begin{cases} h_0(3s, t) & (0 \le s < 1/3) \\ G(3s - 1, t) & (1/3 \le s \le 2/3) \\ h_1(3s - 2, t) & (2/3 < s \le 1) \end{cases}$$

とすればよいです. ∎

これを用いると, 次のことが示せます.

閉曲線上の積分のホモトピー不変性

f を開集合 U 上の正則関数, γ_0, γ_1 を U 内で互いにホモトープな, 区分的になめらかな閉曲線とするとき,

$$\int_{\gamma_0} f(z)dz = \int_{\gamma_1} f(z)dz$$

が成り立つ.

［証明］ $\gamma_0, \gamma_1 : [0,1] \to U$ を U 内で互いにホモトープな閉曲線とします. $g : [0,1] \times [0,1] \to U$ をそれらの間の区分的になめらかなホモトピーとします. 自然数 N に対して, $(s_k, t_l) = (k/N, l/N)$ $(k, l = 0,1,\ldots,N)$ とし, $[0,1] \times [0,1]$ 上の 4 点 (s_{k-1}, t_{l-1}), (s_{k-1}, t_l), (s_k, t_l), (s_k, t_{l-1}) をこの順にたどって 1 周する小正方形の周を $\partial\sigma_{kl}$ とします. $\partial\sigma_{kl}$ の g による像を $\partial\Sigma_{kl}$ とします. N を十分大きくとると, 各 (k,l) について $\partial\Sigma_{kl}$ は U 内の開円板内の閉曲線となります. 開円板上では, f は原始関数をもちますので,

$$\int_{\partial\Sigma_{kl}} f(z)dz = 0$$

が成り立ちます. これから,

$$\int_{\gamma_0} f(z)dz - \int_{\gamma_1} f(z)dz = \sum_{k,l=1}^{N} \int_{\partial\Sigma_{kl}} f(z)dz = 0$$

がしたがいます. ■

　これから定義域内で可縮なループ, つまり U 内で定値写像にホモトープな閉曲線上で正則関数を積分するとゼロになることがわかります. したがって, ［単連結な開集合におけるコーシーの積分定理］がただちにしたがいます.

　コーシーの積分定理にはいくつかの形がありますが, 単連結空間上のものは比較的使いやすいですし, 実用上はこれで十分です. それを正当化するまでの 2 つのルートをたどってきました. それぞれで, 正則関数の特色がよくあらわれていました.

9話

解　析　性

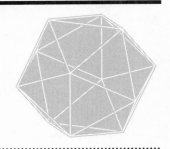

　コーシーの積分定理から導かれることの1つは, 正則関数の導関数が微分可能だということです. 導関数が正則関数ということですから, 導関数の導関数も微分可能です. 結局, 正則関数は無限回微分可能ということになります. さらに進めると, 正則関数は解析性, つまり定義域の各点でべき級数展開できるという性質をもつことまでわかってきます. ここでは解析性をはじめとする, 正則関数のさまざまな性質をおさえておきましょう.

　微分可能性は局所的な性質なので, 開円板上の正則関数を考えれば十分です. 円板上の各点における正則関数の値を, 閉曲線に沿った積分であらわす公式があります.

コーシーの積分公式

f を開集合 U 上の正則関数とする. B は U 内の開円板で, $\overline{B} \subset U$ とする. 任意の $c \in B$ に対し,

$$f(c) = \frac{1}{2\pi i} \int_{\partial B} \frac{f(z)}{z - c} dz$$

が成り立つ. ただし, ∂B は B の境界にある円周を反時計回りに1周する閉曲線とする.

[証明] $c \in B$ のまわりを反時計回りに1周する半径 $\rho > 0$ の円周は,

$$\gamma : [0, 2\pi] \to B; t \mapsto c + \rho e^{it}$$

と書けます. ρ を十分小さくとれば, ∂B と γ は $B \setminus \{c\}$ 内で互いにホモトープです.

$$g(z) = \frac{f(z)}{z - c}$$

は, $B \setminus \{c\}$ 上で正則ですので, 第 8 話の ［閉曲線上の積分のホモトピー不変性］より,

$$\int_{\partial B} g(z)dz = \int_{\gamma} g(z)dz$$

が成り立ちます. そこで, 右辺の評価をすればよいことになります. これは, より具体的には

$$\int_{\gamma} g(z)dz = \int_0^{2\pi} \frac{f(c + \rho e^{it})}{\rho e^{it}} i\rho e^{it}dt = i\int_0^{2\pi} f(c + \rho e^{it})dt$$

と計算できます.

f は c において連続なので, 任意の $\epsilon > 0$ に対して $\delta > 0$ がとれて, $\rho < \delta$ ならば

$$|f(c + \rho e^{it}) - f(c)| < \epsilon$$

が成り立つようにできます. このとき

$$\left| \int_{\gamma} g(z)dz - 2\pi i f(c) \right| = \left| i\int_0^{2\pi} [f(c + \rho e^{it}) - f(c)]dt \right|$$
$$\leq \int_0^{2\pi} \left| f(c + \rho e^{it}) - f(c) \right| dt < 2\pi\epsilon$$

が成り立ちます. したがって,

$$\int_{\gamma} g(z)dz = 2\pi i f(c)$$

でなければなりません. ■

今示したものは, コーシーの積分公式とよばれます. f が開円板 B 上では

$$f(z) = \frac{1}{2\pi i} \int_{\partial B} \frac{f(\zeta)}{\zeta - z}d\zeta \tag{9.1}$$

と書けるということになります. このことから, 正則関数が定義域の各点においてべき級数として書けることが導かれます. そのために, 少し準備をしておきます.

極限操作と積分の順序の交換

区分的になめらかな曲線 γ 上の連続関数の列 $\{f_n\}_{n \in \mathbb{N}}$ が f に一様収束するなら,

$$\lim_{n\to\infty} \int_\gamma f_n(z)dz = \int_\gamma f(z)dz$$

が成り立つ.

[証明] $\gamma : [a, b] \to \mathbb{C}$ を区分的になめらかな曲線とします. $\{f_n\}_{n\in\mathbb{N}}$ は γ 上一様収束するので, 任意の $\epsilon > 0$ に対し, 自然数 N が選べて, $n \geq N$ ならば,

$$|f_n(\gamma(t)) - f(\gamma(t))| < \epsilon$$

が $t \in [a, b]$ に対して成り立つようにできます. このことから, $n \geq N$ ならば

$$\left| \int_\gamma f_n(z)dz - \int_\gamma f(z)dz \right| \leq \int_\gamma |f_n(z) - f(z)||dz| < \epsilon \int_\gamma |dz|$$

が成り立ちます. したがって,

$$\int_\gamma f_n(z)dz \to \int_\gamma f(z)dz \quad (n \to \infty)$$

です.   ■

これを用いて, 次が示せます.

正則関数のべき級数展開

正則関数は局所的には定義域の各点を中心とする収束べき級数である.

[証明] $f : U \to \mathbb{C}$ を正則関数とします. $c \in U$ に対し, $\overline{B_{c,r}} \subset U$ とすると, コーシーの積分公式より, $z \in B_{c,r}$ に対して

$$f(z) = \frac{1}{2\pi i} \int_{\partial B_{c,r}} \frac{f(\zeta)}{\zeta - z}d\zeta$$

が成り立ちます. $z \in B_{c,r}$ を固定し, 自然数 n に対して, $g_n : \partial B_{c,r} \to \mathbb{C}$ を

$$g_n(\zeta) = \sum_{k=0}^{n} \frac{f(\zeta)(z-c)^k}{(\zeta-c)^{k+1}}$$

$$= \frac{f(\zeta)}{\zeta - z}\left[1 + \left(\frac{z-c}{\zeta-c} \right)^{n+1} \right]$$

と定義します. 最右辺の表式から,

$$\left| g_n(\zeta) - \frac{f(\zeta)}{\zeta - z} \right| = \frac{|f(\zeta)|}{|\zeta - z|}\frac{|z-c|^{n+1}}{r^{n+1}} \to 0 \quad (n \to \infty)$$

ですので, $\{g_n\}_{n\in\mathbb{N}}$ は, $\partial B_{c,r}$ の各点で $f(\zeta)/(\zeta - z)$ に収束します. $\partial B_{c,r}$ はコンパクト集合なので, 一様収束です. したがって, [極限操作と積分の順序の交換] より,

$$f(z) = \frac{1}{2\pi i}\int_{\partial B_{c,r}}\frac{f(\zeta)}{\zeta - z}d\zeta = \frac{1}{2\pi i}\lim_{n\to\infty}\int_{\partial B_{c,r}}g_n(\zeta)d\zeta$$

$$= \sum_{k=0}^{\infty}\left[\frac{1}{2\pi i}\int_{\partial B_{c,r}}\frac{f(\zeta)}{(\zeta - c)^{k+1}}d\zeta\right](z - c)^k \tag{9.2}$$

となり, これは $B_{c,r}$ 上の収束べき級数です.　　　　　　　　　　　■

これと, 第6話の [べき級数は項別微分可能] を組み合わせると, 次の重要な結果がえられます.

正則関数は無限回微分可能

正則関数は, 任意の自然数 n に対して同じ定義域をもつ n 階導関数をもつ.

1回微分可能であれば, 無限回微分可能だというのは複素関数の際立った性質です.

[定義]　複素解析関数

複素平面の開集合を定義域とする複素関数 $f: U \to \mathbb{C}$ は, 定義域 U の任意の点 c に対して U に含まれる r-近傍 $B_{c,r}$ がとれて, $B_{c,r}$ 上で c を中心とする収束べき級数としてあらわすことができるとき, 複素解析関数だという.

さらに, 正則関数は複素解析関数でなければならないというわけです.

実関数では, 局所的にべき級数展開できる関数を実解析関数といいます. 実関数の場合, 関数の解析性はかなり強い条件で, 無限回微分可能な関数が実解析関数だとは限りません. 例えば

$$f(x) = \begin{cases} 0 & (x \le 0) \\ e^{-1/x} & (x > 0) \end{cases}$$

という実関数を考えるとよいでしょう. この関数は無限回微分可能ですが, $x = 0$ の近傍でべき級数 $\sum_{k=0}^{\infty}a_k x^k$ の形には書くことができません. もし書けるとすると, $x \le 0$ では $f(x) = 0$ なので, すべての $k = 0, 1, \ldots$ に対して $a_k = 0$ となっているはずですが, そうすると, $x > 0$ で $f(x) = e^{-1/x}$ とはならないからです.

ここで, 正則関数の性質をまとめておきましょう. 連結な開集合で定義された複素関数を考えます.

［定義］ 開集合の連結性

距離空間の開集合が連結であるとは, 互いに交わらない, 2 つ以上の空ではない開集合の和集合としてあらわせないことをいう.

開集合 U が連結ではない必要十分条件は, 空ではない開集合 U_1, U_2 がとれて,

$$U_1 \cap U_2 = \emptyset, \quad U_1 \cup U_2 = U$$

とできることです. 複素平面の連結な開集合のことを領域といいます. また連結な開集合上の 2 点は, 区分的になめらかな曲線で結べるという性質があります.

正則関数の性質

連結で単連結な開集合 U 上の複素関数 f に対して, 以下の条件は互いに同値.

(P1) f は正則関数.

(P2) f は U の各点で収束べき級数として書ける.

(P3) U 内の区分的になめらかな任意の閉曲線 γ に対して

$$\int_\gamma f(z)dz = 0$$

　が成り立つ.

(P4) f は原始関数をもつ.

なお, (P3) ならば (P1) が成り立つという主張は, モレラの定理として知られています.

［証明］ (P1 $\Rightarrow$ P2) は, ［正則関数は無限回微分可能］より, (P2 $\Rightarrow$ P1) は, 第 6 話の ［べき級数は項別微分可能］よりしたがいます. (P1 $\Rightarrow$ P3) は第 8 話の ［単連結な開集合におけるコーシーの積分定理］よりしたがいます. (P3 $\Rightarrow$ P4) は, $z_0 \in U$ を固定し, z_0 を始点, z を終点とする区分的になめらかな曲線に沿った f の積分

$$F(z) = \int_{z_0}^{z} f(\zeta)d\zeta$$

を考えます. この積分は, z_0 から z に到る積分路によらずうまく定義されてい

て, F は f の原始関数となります. (P4 ⇒ P1) は, f が原始関数の導関数であることから, 微分可能だということになります. ∎

　結局, 正則関数の正体はべき級数だということがわかりました. ［正則関数のべき級数展開］を正当化する過程でえられた式 (9.2) と, 第 6 話の［べき級数の係数］より, 正則関数の高階微分係数の表示がえられます.

> ## グルサの公式
>
> 正則関数 $f : U \to \mathbb{C}$ の $c \in U$ における高階微分係数は, $B_{c,r}$ を閉包 $\overline{B_{c,r}}$ が U 内の閉円板となるような c の r-近傍として,
> $$f^{(n)}(c) = \frac{n!}{2\pi i} \int_{\partial B_{c,r}} \frac{f(\zeta)}{(\zeta - c)^{n+1}} d\zeta$$
> によってあたえられる.
> より一般に, B を閉包 $\overline{B}$ が U 内の閉円板となるような開円板とするとき, B の任意の点 z における高階微分係数は,
> $$f^{(n)}(z) = \frac{n!}{2\pi i} \int_{\partial B} \frac{f(\zeta)}{(\zeta - z)^{n+1}} d\zeta$$
> であたえられる.

　正則関数 $f : U \to \mathbb{C}$ を $f(x + iy) = u(x, y) + iv(x, y)$ と分解したときの, 実の 2 変数関数 u, v も無限回微分可能です. 特に, コーシー・リーマンの関係式

$$u_x = v_y, \quad u_y = -v_x$$

を, もう 1 回微分することができます. すると,

$$u_{xx} = v_{yx} = v_{xy} = -u_{yy},$$

$$v_{xx} = -u_{yx} = -u_{xy} = -v_{yy}$$

となります. つまり, u, v はいずれも調和関数, すなわちラプラス方程式

$$\phi_{xx} + \phi_{yy} = 0$$

の解になっています. 2 つの調和関数 ϕ, ψ は

$$(\phi_x, \phi_y) = \pm(\psi_y, -\psi_x)$$

をみたすときに互いに共役な調和関数だといいます. u, v は互いに共役な調和関数となっています.

共役な調和関数の対としての正則関数

$f : U \to \mathbb{C}$ を正則関数とすると, $f(x + iy) = u(x, y) + iv(x, y)$ と分解したときに, u と v は U 上の互いに共役な調和関数になっている.

u の勾配は

$$\operatorname{grad} u = (u_x, u_y)$$

で, これは複素平面に描いた u の等高線に直交するベクトルです. u, v が互いに共役な調和関数のとき, $\mathbb{R}^2$ の通常の内積で

$$\langle \operatorname{grad} u, \operatorname{grad} v \rangle = 0$$

となり, これらの勾配は直交しています. したがって, u の等高線と v の等高線はいつでも直交しています.

正則関数はその定義域上で絶対値が最大値をとることはありません. この主張を最大値の原理といいます.

最大値の原理

連結な開集合 U 上の定数関数ではない正則関数の絶対値は, U 上で最大値をとらない.

[証明] 定数関数ではない正則関数 f の絶対値 $|f|$ が $c \in U$ で最大値 M をとると仮定します. U 上で $|f(z)| = M$ となる複素関数は, 実数値関数 $g : U \to \mathbb{R}$ を用いて $f(z) = Me^{ig(z)}$ という形をしてなければなりませんが, これがコーシー・リーマンの関係式をみたすためには, U 上で f が定数関数となる場合しかないことが確かめられます. したがって, $|f|$ は U 上で恒等的に M となることはなく,

$$A = \{z \in U \mid |f(z)| = M\}$$

は U の空ではない真部分集合となります. $z \in U \setminus A$ を任意にとると, $|f|$ が連続関数だということから, z を中心とする開円板 B がとれて, $B \subset U \setminus A$ が成り立つようにできます. したがって, $U \setminus A$ は $\mathbb{C}$ の開集合です.

今 U は連結だとしているので, $U \setminus A$ の境界点で A に属するものがとれます. それを 1 つとって d としましょう. d は開集合 U の点なので, r-近傍 $B_{d,r}$ で U

に含まれているものがとれます. [コーシーの積分公式] より,

$$f(d) = \frac{1}{2\pi i} \int_{\partial B_{d,r}} \frac{f(\zeta)}{\zeta - d} d\zeta = \frac{1}{2\pi} \int_0^{2\pi} f(d + re^{it}) dt$$

が成り立ちます. これから

$$M = |f(d)| \leq \frac{1}{2\pi} \int_0^{2\pi} |f(d + re^{it})| dt$$

が成り立ちます. しかし, $\partial B_{d,r}$ 上には $|f(d + re^{it})| < M$ となる有限の長さの弧があるために

$$\frac{1}{2\pi} \int_0^{2\pi} |f(d + re^{it})| dt < M$$

です. 上の 2 つの不等式は両立しませんので不合理です. ■

最大値の原理から, シュヴァルツの補題がしたがいます.

シュヴァルツの補題

$0 \in \mathbb{C}$ を中心とする半径 R の開円板 B 上で f は正則とし, $f(0) = 0$ かつ B 上で $|f(z)| \leq M$ ならば, 任意の $z \in B$ に対して

$$|f(z)| \leq \frac{M}{R} |z| \tag{9.3}$$

が成り立つ. また, 原点において

$$|f'(0)| \leq \frac{M}{R} \tag{9.4}$$

が成り立つ.

ある 1 点 $z \in B \setminus \{0\}$ に対して (9.3) の等号が成り立つか, 原点において (9.4) の等号が成り立てば, θ を実の定数として

$$f(z) = \frac{M}{R} e^{i\theta} z$$

と書ける.

[証明] $z \in B \setminus \{0\}$ に対して

$$F(z) = \frac{f(z)}{z}$$

が成り立つとすることによって, $B \setminus \{0\}$ 上の正則関数 F を定義します. さらに, $F(0) = f'(0)$ とすることによって F は B 上の正則関数にすることができます. これは 0 が F の除去可能特異点, とよばれるものになっているからで, そ

れについては第 10 話であらためて説明します.

　r を R より小さい任意の正数としましょう. $|F|$ は実数値連続関数なので, 第
3 話の［極値定理］より, コンパクト集合 $\overline{B_{0,r}}$ 上で最大値をとります. ところ
が,［最大値の原理］より $B_{0,r}$ 上では最大値をとらないので, $B_{0,r}$ の境界上で
最大値をとることになります. したがって, $|z| \leq r$ ならば

$$\frac{|f(z)|}{|z|} = |F(z)| \leq \max\{|F(\zeta)| \mid |\zeta| = r\} = \frac{1}{r} \max\{|f(\zeta)| \mid |\zeta| = r\} \leq \frac{M}{r}$$

が成り立ちます. $0 < r < R$ は任意ですので, $z \in B$ ならば

$$|f(z)| \leq \frac{M}{R}|z|$$

が成り立ちます.

　$B \setminus \{0\}$ のある 1 点でこの不等式の等号が成り立つとすると, $|F|$ がその点で
最大値 M/R をとることを意味するので,［最大値の原理］より, $|F|$ は B 上の
定数関数 M/R になります. これから, f が z の 1 次式になることがしたがい
ます.

　上の不等式を

$$\left|\frac{f(z)}{z}\right| \leq \frac{M}{R}$$

と書き換え, $z \to 0$ の極限をとると,

$$|f'(0)| \leq \frac{M}{R}$$

がえられます. この不等式の等号が成り立つ場合を考えてみましょう. $|f'(0)| = M/R$ が成り立つとすると, 絶対値 $|F|$ が B の点 0 において最大値をとること
になるので,［最大値の原理］より, F は定数関数でなければなりません. した
がって, f は z の 1 次式となります.　■

　f が $B_{c,R}$ 上の正則関数で, すべての $z \in B_{c,R}$ に対して $|f(z) - f(c)| \leq M$
が成り立つときは,

$$|f(z) - f(c)| \leq \frac{M}{R}|z - c|$$

が成り立つことになります. $z \to c$ の極限を考えることにより,

$$|f'(c)| \leq \frac{M}{R}$$

が成り立つこともついでにわかります.

　定義域が $\mathbb{C}$ の正則関数を整関数といいます. また, 像が有界集合となるよう

な複素関数を有界な関数といいます. 有界な整関数が定数に限ることが, リュー
ヴィユの定理として知られています. リューヴィユの定理は, 上の議論からただ
ちにしたがいます.

リューヴィユの定理

有界な整関数は定数関数しかない.

[証明] $f : \mathbb{C} \to \mathbb{C}$ を正則関数とし, 任意の $z \in \mathbb{C}$ に対して $|f(z)| \leq M$ をみたす
とします. $c \in \mathbb{C}$ を任意にとると, [シュヴァルツの補題] を $g(z) = f(z) - f(c)$
に対して適用することにより, 任意の正数 R に対して

$$|f'(c)| \leq \frac{2M}{R}$$

が成り立つことがわかります. したがって, $f'(c) = 0$ です. $c \in \mathbb{C}$ は任意なの
で, f' は定数関数 0 となり, f は定数関数となるしかありません. ∎

シュヴァルツの補題からは, f の 1 階微分係数の絶対値が評価できますが, n
階微分係数の絶対値を評価するには, グルサの公式を用いればよいです.

コーシーの評価式

f は $B_{0,R}$ 上で正則とし, R より小さい正数 r に対して, M_r を $|f|$ の閉円板
$\overline{B_{0,r}}$ における最大値とするとき, f の 0 における n 階微分係数は不等式

$$|f^{(n)}(0)| \leq \frac{n! M_r}{r^n}$$

をみたす.

[証明] [グルサの公式] により,

$$|f^{(n)}(0)| \leq \frac{n!}{2\pi} \int_{\partial B_{0,r}} \frac{|f(\zeta)|}{|\zeta - 0|^{n+1}} |d\zeta| \leq \frac{n! M_r}{r^n}$$

となります. ∎

10話

特　異　点

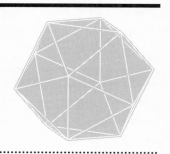

　正則関数は複素平面全体で定義されているわけではなく，一般には開部分集合で定義されています．それはある半径の開円板や，$\mathrm{Im}\,(z) > 0$ といった条件式であたえられるような複素平面の半分の領域だったりします．あるいは，そういった領域からいくつかの点を取り除いたものである場合も典型的です．いくつかの点が取り除かれる場合，正則関数が無限大に発散する特異点になっているのがほとんどです．特異点は，邪魔なものではありますが，正則関数の大域的な情報が符号化されている点でもあります．その情報を読み取るために，複素平面上の線積分が使われます．積分路を上手にとることによって，その符号化された情報の一部を読み取ることができます．

　ここでは，正則関数 $f : U \to \mathbb{C}$ を1つとったとき，その特異点についてみてみましょう．特に興味があるのは，孤立特異点とよばれるものです．孤立特異点というのは，f の定義域にはない，U^c の孤立点のことです．

[定義]　孤立点

距離空間 X の部分集合 A に対して，点 p が A の孤立点であるとは，p が A の点であって，p の r-近傍 $B_{p,r}$ をとることにより，

$$B_{p,r} \cap A = \{p\}$$

が成り立つようにできるときをいう．

　したがって，正則関数 $f : U \to \mathbb{C}$ の孤立特異点とは，次のように定義されます．

[定義] 孤立特異点

正則関数 $f : U \to \mathbb{C}$ に対して，複素平面上の点 p が f の孤立特異点である
とは，p が f の定義域には属しておらず，p の適当な r-近傍 $B_{p,r}$ をとれば，
$B_{p,r} \setminus \{p\} \subset U$ が成り立つようにできるときをいう．

例えば，

$$f : \mathbb{C} \setminus \{0\} \to \mathbb{C}; z \mapsto \frac{1}{z}$$

に対して，0 は f の孤立特異点ですが，

$$f : \mathbb{C} \setminus \{x \in \mathbb{R} | x \le 0\} \to \mathbb{C}; z \mapsto \log z$$

に対しては孤立特異点はどこにもありません．
また，

$$f : \left(\left\{ \frac{1}{m} \in \mathbb{R} \ \middle| \ m \in \mathbb{Z} \setminus \{0\} \right\} \cup \{0\} \right)^c \to \mathbb{C}; z \to \frac{1}{\sin(\pi/z)}$$

のとき，任意のゼロでない整数 m に対して $1/m$ は f の孤立特異点ですが，0 は
孤立特異点ではありません．どんな小さな正数 r をとっても，$1/r$ より大きな自
然数 m がとれて，$1/m \in B_{0,r}$ となっているからです．

正則関数の孤立特異点は，次のように分類することができます．

[定義] 孤立特異点の分類

正則関数 $f : U \to \mathbb{C}$ の孤立特異点は，次のように分類される．

- 孤立特異点 p は，U 内で $z \to p$ としたとき，$f(z)$ が収束するなら除去
  可能特異点だという．
- 孤立特異点 p は，U 内で $z \to p$ としたとき，$|f(z)| \to \infty$ ならば，つまり，
  任意の正数 R に対して正数 δ がとれて，$|z - p| < \delta$ ならば $|f(z)| > R$
  が成り立つようにできるとき，極だという．
- 除去可能特異点でも極でもない孤立特異点 p は，真性特異点だという．

p が正則関数 $f : U \to \mathbb{C}$ の除去可能特異点だというのは，f の定義域を $U \cup \{p\}$
に拡張して，連続関数 $\widetilde{f} : U \cup \{p\} \to \mathbb{C}$ にすることができるという意味になり
ます．自然に生じる疑問は，どのようなときにこれが p で微分可能かというも
のです．

　実はいつでも微分可能になります. それを示すには, 例えば次のように考えればよいです. 正則関数 f の除去可能特異点 p に対し,

$$\widetilde{f}(p) = \lim_{z \to p, z \in U} f(z)$$

とすることにより, f を連続関数 $\widetilde{f} : U \cup \{p\} \to \mathbb{C}$ に拡張します. p の r-近傍 $B_{p,r}$ で $V := B_{p,r} \setminus \{p\}$ が U に含まれていて, かつ V 上では $\widetilde{f}$ が有界となっているようなものがとれます. V は単連結ではありませんが, V 内の任意の区分的になめらかな閉曲線 γ は, V 内のホモトピーによって, p のまわりを何周かする短い閉曲線 γ' に変形できます. γ' としては, いくらでも短いものをとることができます. 例えば, V 上で $|\widetilde{f}(z)| < M$ が成り立つとして, 任意の正数 ϵ に対して, γ' として長さが ϵ/M 未満となるようなものがとれます. このとき,

$$\left| \int_{\gamma'} \widetilde{f}(z) dz \right| \leq M \int_{\gamma'} |dz| < \epsilon$$

と評価できます. このことから, V 内の任意の区分的になめらかな閉曲線 γ に対し,

$$\int_{\gamma} \widetilde{f}(z) dz = 0$$

でなければならないことがわかります. p を通る $B_{p,r}$ 内の区分的になめらかな閉曲線は, 少し変形すれば, p を避けて通るようにできるので, 上の式は, $B_{p,r}$ 内の任意の区分的になめらかな閉曲線についても成り立ちます. したがって, 連続関数 $\widetilde{f} : B_{p,r} \to \mathbb{C}$ は原始関数をもつことになり, $B_{p,r}$ 上正則, 特に p で微分可能だとわかります.

　それとは別に, もっと直接的な方法によって, 除去可能特異点における微分可能性を理解することもできます. それには, より一般に孤立特異点のまわりで, 正則関数 f をある特殊な級数によって表示することができることを用います.

ローラン級数展開

正則関数 $f : U \to \mathbb{C}$ が孤立特異点 p をもつとする. また, $B_{p,R}$ は p を中心とする半径 R の開円板で, $A := B_{p,R} \setminus \{p\} \subset U$ となっているものとする. f は A 上で, ローラン級数とよばれる,

$$f(z) = \sum_{k=-\infty}^{\infty} a_k (z-p)^k := \sum_{k=1}^{\infty} \frac{a_{-k}}{(z-p)^k} + \sum_{k=0}^{\infty} a_k (z-p)^k,$$

$$a_k = \frac{1}{2\pi i} \int_{\partial B_{p,r}} \frac{f(\zeta)}{(\zeta - p)^{k+1}} d\zeta$$

という形の 2 つの収束級数の和に展開できる. ただし, $0 < r < R$ とする.

[証明] $B = B_{p,R}$ とし, f は $A = B \setminus \{p\}$ 上で正則だとします. $z \in A$ に対して, $0 < r_1 < |z - p| < r_2 < R$ をみたす正数 r_1, r_2 をとり,

$$C_1 : [0, 2\pi] \to A; s \mapsto p + r_1 e^{is}, \quad C_2 : [0, 2\pi] \to A; s \mapsto p + r_2 e^{is}$$

はそれぞれ p のまわりを反時計回りに 1 周する円周とします. l を $p + r_1$ を始点, $p + r_2$ を終点とする $A \setminus \{z\}$ 内のなめらかな曲線とすると, C_1^{-1}, l, C_2, l^{-1} をこの順にたどってできる閉曲線 γ は, z のまわりを反時計回りに 1 周する A 内の区分的になめらかな閉曲線となります (図 10.1). ただし, C_1^{-1}, l^{-1} はそれぞれ C_1, l を逆向きにたどってできる曲線です. γ は A 内のホモトピーによって, z を中心とする小さな円周に連続変形できるので, 第 9 話の [コーシーの積分公式] を用いることができて,

$$2\pi i f(z) = - \int_{C_1} \frac{f(\zeta)}{\zeta - z} d\zeta + \int_{C_2} \frac{f(\zeta)}{\zeta - z} d\zeta$$

となります.

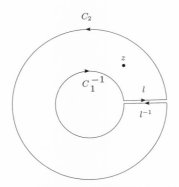

図 10.1 閉曲線 γ は z を反時計回りに 1 周する.

最初に, C_1 に沿った積分について考えてみましょう. ζ を C_1 上の点とすると,

$$\left| \frac{\zeta - p}{z - p} \right| = \frac{r_2}{|z - p|} < 1$$

なので, 被積分関数は C_1 上の各点 ζ で絶対収束級数

$$\frac{f(\zeta)}{\zeta - z} = -\frac{f(\zeta)}{z - p - (\zeta - p)} = -\frac{f(\zeta)}{z - p} \sum_{k=0}^{\infty} \left(\frac{\zeta - p}{z - p}\right)^k$$

の形に書くことができます. f は曲線 C_1 上で有界で, C_1 上のすべての点 ζ に対して

$$\frac{f(\zeta)}{\zeta - p} \leq M$$

が成り立つような正数 M がとれます. また, 非負の整数 k に対して

$$A_k = \left|\frac{\zeta - p}{z - p}\right|^k$$

とすると, $\sum_{k=0}^{\infty} A_k$ は収束する等比級数です. 非負の整数 k に対して

$$g_k(\zeta) := -\frac{f(\zeta)}{z - p}\left(\frac{\zeta - p}{z - p}\right)^k$$

とすると, 曲線 C_1 上で

$$|g_k(\zeta)| \leq M A_k$$

が成り立ちます. したがって, 第5話の［ワイエルシュトラスの判定法］が使えて, 級数

$$\sum_{k=0}^{\infty} g_k(\zeta) = -\frac{f(\zeta)}{z - p} \sum_{k=0}^{\infty} \left(\frac{\zeta - p}{z - p}\right)^k$$

は, 曲線 C_1 上で $f(\zeta)/(\zeta - z)$ に一様収束します.

　すると, 第9話の［極限操作と積分の順序の交換］より,

$$\int_{C_1} \frac{f(\zeta)}{\zeta - z} d\zeta = -\sum_{k=1}^{\infty} \frac{2\pi i a_{-k}}{(z - p)^k},$$

$$2\pi i a_{-k} := \int_{C_1} f(\zeta)(\zeta - p)^{k-1} d\zeta$$

$$= \int_{\partial B_{p,r}} f(\zeta)(\zeta - p)^{k-1} d\zeta \quad (k = 1, 2, \dots)$$

とすることができます.

　次に, 曲線 C_2 に沿った積分を考えましょう. ζ を C_2 上の点とすると,

$$\left|\frac{z - p}{\zeta - p}\right| = \frac{|z - p|}{r_1} < 1$$

となっているので, 被積分関数は C_2 の各点 ζ で絶対収束級数

$$\frac{f(\zeta)}{\zeta - z} = \frac{f(\zeta)}{\zeta - p - (z - p)} = \frac{f(\zeta)}{\zeta - p} \sum_{k=0}^{\infty} \left(\frac{z - p}{\zeta - p}\right)^k$$

の形にすることができます. 先ほどと同様に, この級数は左辺のあらわす関数に C_2 上で一様収束します. したがって,

$$\int_{C_2} \frac{f(\zeta)}{\zeta - z} d\zeta = \sum_{k=0}^{\infty} 2\pi i a_k (z - p)^k,$$

$$2\pi i a_k := \int_{C_2} \frac{f(\zeta)}{(\zeta - p)^{k+1}} d\zeta$$

$$= \int_{\partial B_{p,r}} \frac{f(\zeta)}{(\zeta - p)^{k+1}} d\zeta \quad (k = 0, 1, 2, \dots)$$

となっています. ∎

孤立特異点のまわりでローラン級数に展開できるという話なのですが, 上の議論をみればわかるとおり, 一般に円環状の領域 $r < |z - p| < R$ で正則であれば, その領域で収束する, p のまわりのローラン級数に展開できます.

ローラン級数展開

$$f(z) = f_P(z) + f_A(z),$$

$$f_P(z) = \sum_{k=1}^{\infty} \frac{a_{-k}}{(z - p)^k},$$

$$f_A(z) = \sum_{k=0}^{\infty} a_k (z - p)^k$$

において, $z - p$ の負べきの項からなる級数 $f_P(z)$ を, ローラン級数の主要部といい, 非負べきの項からなる級数 $f_A(z)$ を解析的部分といいます.

孤立特異点のまわりでローラン級数展開できることを用いると, 除去可能特異点を次のように特徴づけることができます.

除去可能特異点の特徴づけ

正則関数 $f : U \to \mathbb{C}$ の孤立特異点 $p \in U^c$ に対して, 次の 3 条件は同値となる.

(a) f は連続関数 $\widetilde{f} : U \cup \{p\} \to \mathbb{C}$ に拡張できる.

(b) p を中心とする開円板 $B_{p,R}$ がとれて, $B_{p,R} \setminus \{p\} \subset U$ が成り立ち,

> $B_{p,R} \setminus \{p\}$ 上で f は有界となる.
>
> (c) f は正則関数 $\tilde{f} : U \cup \{p\} \to \mathbb{C}$ に拡張できる.

[証明] (a) $\Rightarrow$ (b) は $\tilde{f}$ の p における連続性からしたがいます. 具体的には, (a) を仮定すると, 任意の正数 ϵ に対して, 正数 δ がとれて, $z \in B_{p,\delta} \cap U$ ならば $|\tilde{f}(z) - \tilde{f}(p)| < \epsilon$ が成り立つようにできることから (b) がしたがいます.

次に (b) $\Rightarrow$ (c) を示します. ある正数 M があって, $B_{p,R} \setminus \{p\}$ 上で $|f(z)| < M$ が成り立つとします. $f(z)$ の $B_{p,R} \setminus \{p\}$ 上のローラン級数展開の主要部を

$$f_P(z) = \sum_{k=1}^{\infty} \frac{a_{-k}}{(z-p)^k}$$

とすると, 係数は

$$a_{-k} = \frac{1}{2\pi i} \int_{\partial B_{p,r}} f(\zeta)(\zeta - p)^{k-1} d\zeta$$

とあたえられます. 積分路の半径 r は R より小さければどのようにとってもよいです. これを評価すると,

$$|a_{-k}| \leq \frac{1}{2\pi} \int_{\partial B_{p,r}} |f(\zeta)||\zeta - p|^{k-1}|d\zeta| < Mr^k$$

となり, r はいくらでも小さくとれるので, すべての自然数 k に対して $a_{-k} = 0$ だとわかります. ローラン級数展開の主要部がゼロですので, f の $B_{p,R} \setminus \{p\}$ 上でのローラン級数展開は, 解析的部分 $\sum_{k=0}^{\infty} a_k(z-p)^k$ のみになります. これは, 点 p を中心とするべき級数に拡張できますので, (c) がしたがいます.

(c) $\Rightarrow$ (a) は明らかです. ∎

除去可能特異点の定義としては, (a), (b), (c) のどれを採用しても構わないということになります. これらはすべてローラン級数展開の主要部がないことと同じ意味になります.

次に, 正則関数 $f : U \to \mathbb{C}$ の極について考えてみましょう. 極の近くで f は無限大に発散しますが, 発散の強さをあらわす位数とよばれる自然数によって, 極は分類されます.

$f : U \to \mathbb{C}$ の孤立特異点 $p \in U^c$ が極だとします. 定義により, 任意の正数 R に対し, 正数 δ がとれて, $0 < |z - p| < \delta$ ならば $|f(z)| > R$ が成り立つようにできます. $g : U \to \mathbb{C}$ を,

$$g(z) = \frac{1}{f(z)}$$

と定義すると, g は $U \setminus f^{-1}(\{0\})$ 上で正則で, $0 < |z - p| < \delta$ ならば, $|g(z)| < 1/R$ をみたします. したがって $\widetilde{g}(p) = 0$ とすることにより, 連続関数 $\widetilde{g} : U \cup \{p\} \to \mathbb{C}$ に拡張することができます. [除去可能特異点の特徴づけ] により, $\widetilde{g}$ は $U \cup \{p\}$ 上で正則です. $\widetilde{g}$ は p にゼロ点をもつので, ある自然数 m と p をゼロ点にもたないべき級数 $h : B_{p,R} \to \mathbb{C}$ が存在して, p を中心とする開円板 $B_{p,R} \subset U$ 上で,

$$\widetilde{g}(z) = (z - p)^m h(z)$$
$$= (z - p)^m [b_0 + b_1(z - p) + \cdots]$$

とテイラー級数展開できます. ただし, $b_0 \neq 0$ です. このようなとき, 自然数 m を $\widetilde{g}$ のゼロ点 p の位数, ないし重複度といいます.

$1/h(z)$ は $B_{p,R}$ 上で正則なので,

$$\frac{1}{h(z)} = a_0 + a_1(z - p) + \cdots$$

とテイラー級数展開できます. ただし, $a_0 = 1/h(p) = 1/b_0 \neq 0$ です. したがって, $B_{p,R} \setminus \{p\}$ 上で

$$f(z) = (z - p)^{-m}[a_0 + a_1(z - p) + \cdots]$$

と書けます. これは f のローラン級数展開をあたえており, 主要部が有限級数だということがわかりました.

極の特徴づけ

正則関数 $f : U \to \mathbb{C}$ の孤立特異点 $p \in U^c$ に対して, 次の条件は同値となる.

(a) $f(z)$ は $z \to p$ で無限大に発散する.

(b) f の p のまわりのローラン級数展開の主要部は, ゼロでない有限級数であたえられる.

[証明] (a) $\Rightarrow$ (b) はすでに示してありますので, (b) $\Rightarrow$ (a) を示します. (b) を仮定して, ある自然数 m に対して,

$$f(z) = (z - p)^{-m}g(z) = (z - p)^{-m}[a_0 + a_1(z - p) + \cdots]$$

とローラン級数展開できるとします. ただし, $a_0 \neq 0$ で, $g(z)$ は p を中心とす

る開円板 $B_{p,R}$ 上で収束するべき級数です. $g(p) = a_0$ なので, 正数 $r < R$ がとれて, $z \in B_{p,r}$ ならば $|g(z)| > 0.9|a_0|$ が成り立つようにできます. したがって, $z \in B_{p,r}$ ならば

$$|f(z)| = |z-p|^{-m}|g(z)| > \frac{0.9|a_0|}{|z-p|^m}$$

が成り立ちます. このことから, (a) がしたがいます. ■

　正則関数 $f: U \to \mathbb{C}$ の極 p のまわりのローラン級数展開が, $a_{-m} \neq 0$ として

$$f(z) = \frac{a_{-m}}{(z-p)^m} + \frac{a_{-m+1}}{(z-p)^{m-1}} + \cdots$$

と書けるとき, 自然数 m を極 p の位数といいます.

　孤立特異点が, 除去可能特異点になるのはローラン級数の主要部がない場合, 極になるのは主要部が有限級数の場合と同定できたことにより, 真性特異点になるのは, 主要部が無限級数の場合だということがわかりました. 例えば

$$f: \mathbb{C} \setminus \{0\} \to \mathbb{C}; z \mapsto e^{1/z} = 1 + \frac{1}{z} + \frac{1}{2z^2} + \cdots + \frac{1}{k!z^k} + \cdots$$

において, 0 は f の真性特異点です. $\alpha = |\alpha|e^{i\theta}$ を任意の複素数として,

$$p_k = \frac{1}{\log|\alpha| + i(\theta + 2\pi k)} \quad (k = 1, 2, \ldots)$$

とすると, 点列 $\{p_k\}_{k \in \mathbb{N}}$ は 0 に収束します. このとき, すべての自然数 k に対して $f(p_k) = \alpha$ です. つまり, 任意の $\alpha \in \mathbb{C}$ に対して, $p_k \to 0$ かつ $f(p_k) \to \alpha$ となる点列 $\{p_k\}_{k \in \mathbb{N}}$ がとれます. 特に, $z \to 0$ で f が無限大を含めて極限をもつことはありませんので, 確かに 0 は $e^{1/z}$ の真性特異点となっています

　実は, 真性特異点をもつ一般の正則関数について, このように任意の値に収束する点列がとれます.

カゾラーティ・ワイエルシュトラスの定理

正則関数 $f: U \to \mathbb{C}$ の孤立特異点 $p \in U^c$ が真性特異点のとき, 任意の複素数 α に対して, p に収束する U の点列 $\{p_k\}_{k \in \mathbb{N}}$ で, $\{f(p_k)\}_{k \in \mathbb{N}}$ が α に収束するものがとれる.

[証明] 正則関数 $f: U \to \mathbb{C}$ が真性特異点 p をもつとします. 自然数 k に対して開集合 A_k を $A_k = B_{p,1/k} \cap U$ によってさだめます. 複素数 α と自然数 k を任意にとったとき, A_k の点 z で $|f(z) - \alpha| < 1/k$ をみたすものが存在するこ

とを示します.

もしある自然数 k に対して, そのような点が A_k 内には存在しないとすると,

$$g(z) = \frac{1}{f(z) - \alpha}$$

によって正則関数 $g : A_k \to \mathbb{C}$ を定義することができます. A_k 上で $|g(z)| \leq k$ なので, [除去可能特異点の特徴づけ] より, p は g の除去可能特異点となります. このとき, g は正則関数 $\tilde{g} : A_k \cup \{p\} \to \mathbb{C}$ に拡張できます. 可能性として生じるのは, $\tilde{g}$ が p にゼロ点をもたないか, ある位数のゼロ点をもつかのどちらかです. $\tilde{g}$ が p にゼロ点をもたないとき,

$$f(z) = \alpha + \frac{1}{g(z)}$$

は p の近傍で有界だということになります. $\tilde{g}$ が p に位数 m のゼロ点をもつときは, f は p に m 位の極をもつことになります. いずれの場合も p が f の真性特異点だということに反します. したがって, $|f(z) - \alpha| < 1/k$ をみたす $z \in A_k$ が存在する, という命題はすべての自然数 k に対して成り立ちます. 各 k に対してそのような z を 1 つ選んで p_k とすると, $p_k \to p$ かつ $f(p_k) \to \alpha$ となっています. ∎

極は, 正則関数が ∞ という値をとる点だという見方もできます. 極を定義域に含めてしまって, 関数の終域を $\mathbb{C} \cup \{\infty\}$ としてしまおうということです. その場合, 正則関数ではなく, 有理型関数とよびます.

形式的にいえば, 開集合 U を定義域とする正則関数 f, g の商 f/g として書ける関数 h を, U 上の有理型関数といいます. g のゼロ点において, f がそれより高い位数をもつゼロ点をもたなければ, h はそこで極をもつことになります. そのようなときに, h は U 上の正則関数ではありません. 逆に, 極以外で正則な関数は, 正則関数の商として書くことができます.

11話

留　　　　数

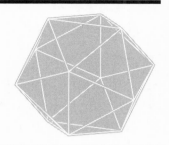

　コーシーの積分定理から、正則関数の色々な側面がみえてくることが、今まで
の話からわかりますが、まだ終わりではありません。ここでお話しするのは、複
素積分への応用について。中心となるのは、正則関数の特異点のまわりを周回す
る積分路に関する留数定理です。

　留数定理の内容はすっきりしていて、周回積分が、被積分関数をローラン級数
に展開したときの、-1 次の係数のみであらわされるということを主張します。
積分路を工夫することにより、さまざまな定積分を計算することができるよう
になります。

　留数は、正則関数の孤立特異点のそれぞれに伴う数です。

[定義]　留数

正則関数 f の孤立特異点 p に対して、f の p のまわりにおけるローラン級
数展開を

$$f(z) = \sum_{k=-\infty}^{\infty} a_k (z-p)^k$$

とするとき、f の p における留数を $\mathrm{Res}_p(f)$ とあらわし、

$$\mathrm{Res}_p(f) = a_{-1}$$

によって定義する。

　念のために注意しておきますが、p のまわりのローラン級数展開というのは、
ある正数 R に対して $B_{p,R} \setminus \{p\}$ で収束するローラン級数のことです。そのよ
うなローラン級数展開は一意的ですので、留数は問題なく定義されます。p を中
心とするローラン級数展開として、外側の円環領域 $R < r_1 < |z-p| < r_2$ にお

けるものもあるかもしれませんが, そのことではないという注意です. 例えば,

$$f : \{0,1\}^c \to \mathbb{C}; z \mapsto \frac{1}{z(z-1)}$$

は, $B_{0,1} \setminus \{0\}$ では,

$$f(z) = -\frac{1}{z} - 1 - z - z^2 - \cdots$$

とローラン展開されますが, $|z| > 1$ では

$$f(z) = \frac{1}{z^2(1-1/z)} = \frac{1}{z^2} + \frac{1}{z^3} + \frac{1}{z^4} + \cdots$$

となります. 0における留数は前者のローラン級数から求めなければならなくて,

$$\mathrm{Res}_0(f) = -1$$

ということになります.

　留数定理というのは, 正則関数の閉曲線に沿った周回積分は, 曲線に囲まれた孤立特異点のそれぞれの留数を足し上げたものに $2\pi i$ を乗じた数になるという主張です.

　正則関数 $f : U \to \mathbb{C}$ の, 定義域 U 内の曲線 $l : [0,1] \to \mathbb{C}$ に沿った積分

$$\int_l f(z)dz$$

を考えます. 積分路 l を, 端点を固定したまま U 内で変形したとき, 積分の値は変化しません. これは, ホモトピー

$$g : [0,1] \times [0,1] \to U; (s,t) \mapsto g_s(t),$$

$$g_0(t) = l(t) \quad (t \in [0,1]),$$

$$g_s(0) = l(0), \quad g_s(1) = l(1) \quad (s \in [0,1])$$

によって, $l = g_0$ を $\tilde{l} = g_1$ に変形したとき, コーシーの積分定理より,

$$\int_l f(z)dz = \int_{\tilde{l}} f(z)dz$$

だからです.

　正則関数 f が孤立特異点 p をもっていて, 積分路を変形するときに, p を1度だけ通過してもよいことにしましょう. つまり,

$$g : [0,1] \times [0,1] \to U \cup \{p\}; (s,t) \mapsto g_s(t),$$

$$g_0(t) = l(t) \quad (t \in [0,1]),$$

$$g_s(0) = l(0), \quad g_s(1) = l(1) \quad (s \in [0,1])$$

というホモトピーで, ある (s_0, t_0) について, $g_{s_0}(t_0) = p$, $(s,t) \neq (s_0, t_0)$ なら
ば $g_s(t) \in U$ となっている場合です. このとき, 変形前の曲線 $l = g_0$ と変形後
の曲線 $\widetilde{l} = g_1$ を逆向きにした曲線 $\widetilde{l}^{-1}$ をつなげると, 閉曲線 C ができます. も
し, C が p のまわりを反時計回りに 1 周するものであれば, この変形は正の向
きに p を通過する, 時計回りなら負の向きに p を通過する, ということにします
(図 11.1).

図 **11.1**　曲線を, l から $\widetilde{l}$ へ変形するとき, 正の向きに p を通過, $\widetilde{l}$ を l へ変形するとき
は, 負の向きに p を通過するという.

　閉曲線 C は, U 内の連続変形によって p を中心とする円にもっていくことが
できますので, 第 10 話の [ローラン級数展開] の a_{-1} の表式より, C が反時計
回りか時計回りかにしたがって,

$$\int_C f(z)dz = \pm 2\pi i \times \mathrm{Res}_p(f)$$

となります. これは, 曲線 l の変形が正の向きに孤立特異点 p を通過するとき,

$$\int_{\widetilde{l}} f(z)dz = \int_l f(z)dz - 2\pi i \times \mathrm{Res}_p(f),$$

負の向きに通過するときは

$$\int_{\widetilde{l}} f(z)dz = \int_l f(z)dz + 2\pi i \times \mathrm{Res}_p(f),$$

と, p における留数の $\pm 2\pi i$ 倍だけ変化することを意味します.

　この原理を用いると, 被積分関数の孤立特異点を囲むような閉曲線に沿った
積分が計算できるようになります. 留数定理として知られる公式は, 一般に

$$\int_\gamma f(z)dz = 2\pi i \sum_k \mathrm{Res}_{p_k}(f)$$

という形をしています. 積分路の γ は, 複素平面上の自己交差のない閉曲線です. その場合, γ は複素平面を曲線の内側と外側との 2 つの領域に分割することがジョルダンの曲線定理として知られています. f は曲線 γ 上と, γ の内側から有限個の孤立特異点 $p_1, \ldots, p_m$ を除いた領域で正則で, 右辺の和は, その内側にあるそれぞれの孤立特異点についてのものです.

　今述べた形の留数定理の意味がわかれば, 使う分に困ることはないでしょう. これまでの議論から, この形の留数定理が成り立つことも明らかに思えてくるかと思います. しかし, ここではジョルダンの曲線定理などに頼らないで, 今までの議論だけから, もっと安全な形で次のバージョンの留数定理を述べておきます.

留数定理

$f : U \to \mathbb{C}$ を正則関数, S を f の孤立特異点の集合とする. γ を U 内の区分的になめらかな閉曲線とし, $U \cup S$ 内のホモトピーによって, U の点 c への定値写像に変形することができるとする. その変形の途中で, 有限個の孤立特異点 $p_1, \ldots, p_s$ をそれぞれ正の向きに 1 度ずつ通過するとする. このとき,

$$\int_\gamma f(z)dz = 2\pi i \sum_{k=1}^{s} \mathrm{Res}_{p_k}(f)$$

が成り立つ.

以下では, いくつかの計算例をみていくことにしましょう.

1）$\int_{-\infty}^{\infty} \frac{1}{x^2+1}dx$.

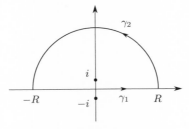

図 **11.2**　$\int_\gamma \frac{1}{x^2+1}dx$ の積分路.

これは, $x = \tan\theta$ とおきかえれば, 答えが円周率 π になることはすぐにわかるのですが, 留数定理を用いて計算してみます. 図 11.2 のような積分路 γ に沿って,

$$f(z) = \frac{1}{z^2 + 1} = \frac{1}{(z+i)(z-i)}$$

を積分します. f は $z = \pm i$ に 1 位の極をもちます. 一般に f が p において 1 位の極をもつとき, 留数が

$$\mathrm{Res}_p(f) = \lim_{z \to p}(z - p)f(z)$$

であたえられることは, ローラン級数の形を思い浮かべると理解できます. 今の場合,

$$\mathrm{Res}_{\pm i}(f) = \mp\frac{i}{2}$$

となっています. すると, γ に囲まれた極は i のみですので,

$$\int_\gamma \frac{1}{z^2 + 1}dz = \left(\int_{\gamma_1} + \int_{\gamma_2}\right)\frac{1}{z^2 + 1}dz = \pi$$

となります. このうち, γ_1 に沿った積分は,

$$\int_{\gamma_1} \frac{1}{z^2 + 1}dz = \int_{-R}^{R} \frac{1}{x^2 + 1}dx$$

で $R \to \infty$ としたものが, 求めるものです. 答えが π だとわかっているので, γ_2 に沿った積分はゼロに収束することが期待されます. それを確かめてみましょう. γ_2 は半径 R の半円なので, 積分変数を $z = Re^{it}$ とすると,

$$\int_{\gamma_2} \frac{1}{z^2 + 1}dz = \int_0^\pi \frac{1}{R^2 e^{2it} + 1}iRe^{it}dt$$

となります. 3 角不等式

$$|R^2 e^{2it} + 1| \geq |R^2 e^{2it}| - |-1| = R^2 - 1$$

に注意すれば,

$$\left|\int_{\gamma_2} \frac{1}{z^2 + 1}dz\right| \leq \int_0^\pi \left|\frac{1}{R^2 e^{2it} + 1}iRe^{it}\right|dt < \int_0^\pi \frac{Rdt}{R^2 - 1} = \frac{\pi R}{R^2 - 1}$$

ですので, $R \to \infty$ でゼロに収束します.

ここで用いた方法は, 被積分関数が有理関数で, つまり多項式どうしの分数で, 実軸上に極がなく, 分母の次数が分子の次数より 2 つ以上大きいときは, 少なくとも使えます.

2) $\int_0^\infty \frac{x^m}{x^2+1}dx \ (-1 < m < 1, m \neq 0)$.

　　被積分関数が多価関数の場合です. $-1 < m < 1$ は, 積分が収束するための十分条件です.

$$f(z) = \frac{z^m}{z^2+1}$$

とします. 1 価関数にするために, 実軸上にブランチ・カットをいれ,

$$z \mapsto z^m; re^{i\theta} \mapsto r^m e^{im\theta} \quad (0 < \theta < 2\pi)$$

と考えます. f は $\pm i$ に 1 位の極をもち, 留数は

$$\mathrm{Res}_i(f) = \frac{1}{2}i^{m-1} = \frac{1}{2}e^{(m-1)\pi i/2},$$

$$\mathrm{Res}_{-i}(f) = \frac{1}{2}(-i)^{m-1} = \frac{1}{2}e^{3(m-1)\pi i/2}$$

となります. ここで注意しておきたいのは, $(-i)^{m-1}$ を計算するときに, $-i = e^{-\pi i/2}$ ではなく, $-i = e^{3\pi i/2}$ としなければならないことです. 積分路を図 11.3 のようにとると, 留数定理より

$$\left(\int_{\gamma_1} + \int_{\gamma_2} + \int_{\gamma_3} + \int_{\gamma_4} \right) \frac{z^m}{z^2+1}dz = 2\pi i \frac{e^{(m-1)\pi i/2} + e^{3(m-1)\pi i/2}}{2}$$

$$= \pi e^{m\pi i/2}(1 - e^{m\pi i})$$

となります.

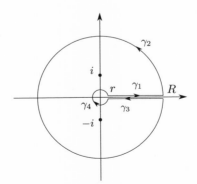

図 11.3 $\int_\gamma \frac{x^m}{x^2+1}dx$ の積分路.

　　そこで, 左辺の項ごとにみていきましょう. 最終的に $r \to 0$, $R \to \infty$ の極限をとることになります.

　γ_1 は実軸の少し上にあります. そのことは, $z^m = x^m \ (x \in [r, R])$ と
おくことにより反映され,

$$\int_{\gamma_1} \frac{z^m}{z^2 + 1} dz = \int_r^R \frac{x^m}{x^2 + 1} dx =: I$$

となります. これが, 求めたいものになっています.

　γ_2 に沿った積分が $R \to \infty$ でゼロに収束することは, 半径 R の半円 γ_2
上で

$$|z^2 + 1| > R^2 - 1$$

となることから示すことができます.

　γ_3 は実軸の少し下を通る線分です. このことは, $z^m = x^m e^{2m\pi i}$
$(x \in [r, R])$ とおくことにより反映されます. すると,

$$\int_{\gamma_3} \frac{z^m}{z^2 + 1} dz = \int_R^r \frac{x^m e^{2m\pi i}}{x^2 + 1} dx = -e^{2m\pi i} I$$

となります.

　最後に, γ_4 は半径 r の小さな円です. これも γ_4 上で,

$$|z^2 + 1| \geq |-1| - |z^2| = 1 - r^2$$

に注意すれば, $r \to 0$ でゼロに収束することが示せます.

　以上より, $r \to 0, R \to \infty$ の極限をとることにより,

$$(1 - e^{2m\pi i}) I = \pi e^{m\pi i/2} (1 - e^{m\pi i})$$

となり, これから

$$\int_0^\infty \frac{x^m}{x^2 + 1} dx = \frac{\pi e^{m\pi i/2}}{1 + e^{m\pi i}} = \frac{\pi}{2\cos(m\pi/2)}$$

となります.

　実軸上の互いに逆向きの積分がありますが, 位相因子だけ違うので, 互
いに打ち消し合いません. 被積分関数が多価関数のときは, 今のようにこ
のことをうまく利用できるかもしれません. $x^m \times$ (有理関数) の積分に出
会ったら, この問題のような積分路を試すのがよいです.

12話

解析接続

　正則関数は定義域の各点についてべき級数展開できるのでした. そこから導かれるひとつの強い結果は, 正則関数の剛性です. 剛性というのは, ごく一部分の振る舞いが全体の性質を一意的に決めてしまう性質を指します. 例えば, 針金で輪を作ってそこにシャボン玉の膜を張るとしましょう. 輪っかの形は自由でよいですが, 一旦形を決めてしまえば, シャボン玉の膜の作る曲面は一意的に決まってしまいます. それがシャボン玉の膜の形の剛性です. あるいは, ある部屋の中の温度分布は, 壁, 床, 天井における温度分布があたえられると一意的に決まります. この場合は部屋の温度分布に剛性があるということができるでしょう. 正則関数の場合, 正則関数の局所的な振る舞いが定義域全体の振る舞いを決めています. その性質を用いると, 標準的なアルゴリズムで, つまり誰がやっても同じ結果になるように, 正則関数の定義域を拡げることもできます. 第1話では, 3角関数や指数関数を実関数の場合と同じ形テイラー級数で定義しましたが, あれは気まぐれにそうしたのではなく, 標準的なアルゴリズムにしたがって定義域を実軸から複素平面に拡げたことになっています. そのことは, ここに来て正当化されることになります.

　正則関数の局所的な振る舞いは, べき級数によって理解することができます. べき級数のゼロ点に着目すると, 次の基本的な性質をもっていることがわかります.

べき級数のゼロ点は孤立点

$f(z) = \sum_{k=m}^{\infty} a_k (z-c)^k$ は, ある自然数 m に対して $c \in \mathbb{C}$ に位数 m のゼロ点をもつべき級数で, $B = B_{c,r}$ において収束するとする. B における f のゼロ点集合を S とするとき, c は S の孤立点となる.

[証明] $f : B \to \mathbb{C}$ は

$$f(z) = (z - c)^m g(z)$$

$$g(z) = \sum_{k=0}^{\infty} a_k (z - c)^k$$

と書けます. ただし $a_0 \neq 0$ です. 第5話の［コーシー・アダマールの公式］より, $g(z)$ は $f(z)$ と同じ収束半径をもち, B の各点で絶対収束します. $(z - c)^m$ は c 以外にゼロ点をもたないので, f の c 以外のゼロ点は, g のゼロ点でなければなりません. $g(c) = a_0 \neq 0$ ですので, g の c における連続性により, 正数 δ がとれて, $|z - c| < \delta$ ならば $g(z) \neq 0$ が成り立つようにできます. このとき, f の $B_{c,\delta}$ 上のゼロ点は c 以外にありません. これは c が f のゼロ点集合の孤立点だということを意味します. ■

　このことは, 恒等的にゼロではない正則関数のゼロ点が, 密集しているということはないことを意味します. 逆にいえば, ゼロ点が密集するのは恒等的にゼロの場合のみだということです.

［定義］　集積点

距離空間 X の点 x が, X の部分集合 A の集積点であるとは, 任意の正数 r に対して, A の少なくとも1点が $B_{x,r} \setminus \{x\}$ に属していることをいう.

　$x \in X$ が A の集積点である必要十分条件は, $x \in \overline{A \setminus \{x\}}$ が成り立つことです. ただし, A の集積点は必ずしも A の点だとは限りません. A の孤立点ではない A の点は, A の集積点です.

　正則関数 $f : U \to \mathbb{C}$ のゼロ点は, 一般にゼロ点集合の集積点にはなりません. 例外は f が恒等的にゼロとなるなど, 自明な場合のみです. はっきりさせるために, f の定義域 U が連結なとき, つまりいくつかの島からなるのではなく, 1つの島からなるとき, を考えてみましょう.

一致の定理 I

連結な開集合を定義域とする正則関数 f のあるゼロ点が, f のゼロ点集合の集積点となっているとき, f は恒等的にゼロとなっている.

[証明] $f : U \to \mathbb{C}$ は正則関数で, U は連結な開集合だとします. S を f のゼロ

点集合とし, $c \in S$ は S の集積点だとしましょう. f は c を中心とする開円板 B 上で, 収束べき級数として書けます. c は S の集積点なので, c のどんな r-近傍も c 以外の S の点を含んでいます. つまり, c のどんな r-近傍も c 以外の $S \cap B$ の点を含んでいるので, c は $S \cap B$ の集積点でもあります. すると, [べき級数のゼロ点は孤立点] より, c はどの自然数 m に対しても位数 m のゼロ点ではありません. したがって, f は B 上で恒等的にゼロとなるしかありません. このとき, B 上の点はすべて f のゼロ点で, しかも S の集積点になっています.

S の集積点全体のなす集合を S_1 とし, U のそれ以外の部分を S_2 とします. つまり $S_2 = U \setminus S_1$ です. S_1 の任意の点 c に対して c を中心とする開円板 B がとれて, $B \subset S_1$ が成立するようにできることが, 今示されたことです. したがって, S_1 は開集合です.

S_2 が空ではないとしましょう. S_2 の点は, S の孤立点か, f のゼロ点ではないかのどちらかです. S_2 の点 z が S の孤立点のとき, z の r-近傍 $B_{z,r}$ で, $B_{z,r}$ には f のゼロ点が z 以外には一切含まれないようなものがとれます. このとき $B_{z,r} \subset S_2$ となっているので, z は S_2 の内点です. また, S_2 の点 z が f のゼロ点ではないとき, f の連続性により, z の r-近傍 $B_{z,r}$ で, $B_{z,r}$ には f のゼロ点が含まれないようなものがとれます. この場合も $B_{z,r} \subset S_2$ となっており, z は S_2 の内点です. したがって S_2 は開集合です. すると, $S_1 \cap S_2 = \emptyset$ かつ $S_1 \cup S_2 = U$ ですので, U は連結ではないことになります. これは仮定に反するので, S_2 は空でなければなりません. したがって $U = S_1$ で, f は U 上で恒等的にゼロということになります. ∎

なお, 正則関数のゼロ点集合が, 定義域内に集積点をもつ場合, f の連続性から, その集積点は自動的に f のゼロ点となっていますので, 上の定理は, 「正則関数 $f : U \to \mathbb{C}$ のゼロ点集合が, U 内に集積点をもつとき, f は U 上で恒等的にゼロとなる」と言い換えてもよいです. 実際には, 次の形のものがよく用いられます.

一致の定理 II

$f, g : U \to \mathbb{C}$ を連結な開集合上の2つの正則関数とする. U 内に集積点をもつ U の部分集合 S の各点 z で $f(z) = g(z)$ が成り立つなら, U 上で $f = g$ が成り立つ.

[証明] $f - g : U \to \mathbb{C}$ に対して [一致の定理 I] を用いればよいです. ■

一致の定理は, 正則関数の定義域を拡げる, 解析接続という操作を正当化します. 例えば, 指数関数はもともと実軸上で

$$\exp : \mathbb{R} \to \mathbb{R}; x \mapsto e^x := \sum_{k=0}^{\infty} \frac{x^k}{k!}$$

と定義されています. 複素関数としての指数関数は,

$$f : \mathbb{C} \to \mathbb{C}; z \mapsto e^z := \sum_{k=0}^{\infty} \frac{z^k}{k!}$$

と定義しました. これは正則関数で, f の $\mathbb{R}$ への制限が, exp と一致するものです. [一致の定理 II] は, そのような正則関数が一意的だということをいっています. つまり, 正則関数 $g : \mathbb{C} \to \mathbb{C}$ があって, 任意の $x \in \mathbb{R}$ に対して $f(x) = g(x)$ だとすると, $\mathbb{R}$ は各点が $\mathbb{R}$ の集積点ですので, $\mathbb{C}$ 上で $f = g$ とならなければなりません. 解析接続とはこのような操作のことを指します. 指数関数だけではなく, 定義域の各点でテイラー級数展開できるような実関数は, 複素平面の領域上の正則関数に解析接続できます.

開円板 $B_1 = B_{p_1, r_1}$ 上の正則関数 f_1 があったとします. B_1 上の点 $p_2 \neq p_1$ で f_1 をテイラー級数に展開することにより, $U_2 = B_{p_2, r_2}$ 上の正則関数 f_2 がえられます. このとき運が良ければ, $B_2 \cap B_1^c \neq \emptyset$ となります. [一致の定理 II] は, B_2 上の正則関数で, $B_1 \cap B_2$ 上では f_1 となるものが, f_2 に限られることを保証するものです. この操作によって, $B_1 \cup B_2$ 上の正則関数がえられたことになります.

今の場合, B_2 の中心が B_1 内にありましたが, もちろんそうなってなくてもよいです. 次のように, 複素平面上にいくつかの開円板があって, それぞれの開円板上で局所的に正則関数が定義されているという状況を考えることもできます.

[定義] 直接解析接続

開円板 B 上の正則関数 f があるとき, 関数と定義域のペア (f, B) を関数要素という. 関数要素 (f_1, B_1), (f_2, B_2) は, $B_1 \cap B_2 \neq \emptyset$ が成り立ち, かつ $B_1 \cap B_2$ 上で f_1 と f_2 が一致するとき, 直接解析接続の関係にあるといい, $(f_1, B_1) \sim (f_2, B_2)$ とあらわす.

直接解析接続を何回か繰り返し, 関数要素 (f_1, B_1) から出発して,

$$(f_1, B_1) \sim (f_2, B_2) \sim \cdots \sim (f_m, B_m)$$

のように, 関数要素 (f_m, B_m) をえることができます. 開円板の数珠つなぎがどこかを 1 周して $B_m \cap B_1 \neq \emptyset$ となったとしましょう (図 12.1). このようなときに注意しておきたいのは, $B_m \cap B_1$ 上で $f_m = f_1$ が成り立つことは保証されないということです. つまり, 上のように構成された $\bigcup_{k=1}^m B_k$ 上の正則関数は, 多価関数となっているかもしれません. そのような多価関数は, 通常の意味では複素平面の領域上の関数ではないのですが, 複素平面のいくつかの領域を貼りあわせてできる, 1 次元複素多様体 (リーマン面) 上の関数として捉えることはできます.

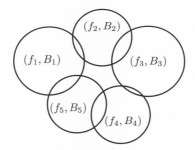

図 12.1 直接解析接続によって, 正則関数の定義域が単連結でなくなる場合.

解析接続によって多価関数がえられる様子をみておきましょう. 対数関数は 1 つの代表例です. $\log z$ を $z = 1$ のまわりでテイラー級数としてあらわしたものを

$$f_1(z) = \sum_{k=1}^{\infty} \frac{(-1)^{k+1}}{k} (z-1)^k$$

$$= (z-1) - \frac{(z-1)^2}{2} + \frac{(z-1)^3}{3} - \frac{(z-1)^3}{4} + \cdots$$

とすると, この級数の収束半径は 1 で, $B_1 = B_{1,1}$ として (f_1, B_1) は関数要素となります. 曲線 $\gamma(t) = e^{it}$ $(t \in [0, 2\pi])$ 上に開円板をいくつかならべることにより, 解析接続してみましょう. べき級数 $f_1(z)$ を項別微分すると等比級数となり, $f_1'(z) = 1/z$ となることがわかります. $a \in B_1$ におけるテイラー級数を求めるには,

$$\frac{1}{z} = \frac{1}{a + (z-a)} = \frac{1}{a} - \frac{z-a}{a^2} + \frac{(z-a)^2}{a^3} - \cdots$$

の原始関数 f_2 で, $f_2(a) = f_1(a)$ となるものを選ぶとよいです. こうして,

$$f_2(z) = f_1(a) + \frac{z-a}{a} - \frac{(z-a)^2}{2a^2} + \frac{(z-a)^3}{3a^3} - \cdots$$

がえられます. a を曲線 γ 上の点 $\gamma(t_2)$ $(0 < t_2 < \pi/3)$ に選ぶと収束半径が 1 となることがわかり, $B_2 = B_{\gamma(t_2),1}$ とすることにより関数要素 (f_2, B_2) がえられます. 同様に,

$$0 = t_1 < t_2 < \cdots < t_m = 2\pi$$

を適当に選んで, 各 $k = 2, \ldots, m$ に対して, $\gamma(t_k)$ におけるテイラー級数 $f_k(z)$ と, f_k の定義域 $B_k = B_{\gamma(t_k),1}$ で, $(f_{k-1}, B_{k-1}) \sim (f_k, B_k)$ となるものが求められます. このとき,

$$f_k(\gamma(t_k)) = it_k$$

となっていることに注意しましょう. したがって $B_1 = B_m$ ですが, $f_1(1) = 0$ なのに対して $f_m(1) = 2\pi i$ となっています. これは, 対数関数の多価性を, 解析接続を通してみているにすぎません. 実際, 対数関数は,

$$\log z = \log |z| + i \arg z$$

と書くことができ, 虚部に偏角による多価性があらわれます.

　同様に, べき関数も一般に多価関数となります. べき関数は, 対数関数と指数関数の合成で, 複素数 α に対して

$$f(z) = z^\alpha := e^{\alpha \log z}$$

によって定義されます. 対数関数の多価性によって, α が整数でなければ多価関数となります.

　これとは対照的に, 指数関数というのもあります. a を 1 ではない正数として,

$$f(z) = a^z := e^{z \log a}$$

と定義される $\mathbb{C}$ 上の正則関数 f は, a を底とする指数関数といい, 1 価関数です.

　実関数についての公式, 例えば 3 角関数の加法定理などが, 複素数の範囲ではどのようになるのか疑問に思ったときも, 解析接続のことを思い出すとよいでしょう. 例えば, 実数 x, y に対して

$$\sin(x + y) = \sin x \cos y + \cos x \sin y$$

が成り立ちます. $y \in \mathbb{R}$ を固定して $f : \mathbb{C} \to \mathbb{C}$ を

$$f(z) = \sin(z + y) - \sin z \cos y - \cos z \sin y$$

とすれば, f は $\mathbb{C}$ 上の正則関数です. f は $\mathbb{R}$ 上でゼロなので, ［一致の定理 I］より $\mathbb{C}$ 上でゼロになります. そこで今度は $g : \mathbb{C} \to \mathbb{C}$ を

$$g(w) = \sin(z + w) - \sin z \cos w - \cos z \sin w$$

によって定義すると, g は $\mathbb{R}$ 上でゼロなので, ［一致の定理 I］より $\mathbb{C}$ 上でゼロになります. 結局, $z, w \in \mathbb{C}$ に対して加法定理

$$\sin(z + w) = \sin z \cos w + \cos z \sin w$$

が成り立つことになります. 同様にすれば, 指数関数に対する指数法則も示せます. つまり, a を 1 ではない正数, z, w を複素数とするとき,

$$a^z a^w = a^{z+w}$$

が成り立ちます.

さて, 解析接続によって正則関数の定義域を延長するための, 1 つの有力な方法を紹介しておきましょう. 調和関数の鏡像原理を用いるので, 必要な知識をおさらいしておきます.

調和関数に関する平均値定理

$\mathbb{R}^2$ の開集合 U を定義域にもつ調和関数 v について, U の点 $a = (a_x, a_y)$ を中心とする半径 r の閉円板が U に含まれるならば,

$$v(a_x, a_y) = \frac{1}{2\pi} \int_0^{2\pi} v(a_x + r\cos\theta, a_y + r\sin\theta)d\theta$$

が成り立つ.

円周上で調和関数の値を平均すると, 円の中心における値になるという主張です. なお, 一般の $\mathbb{R}^n$ でも同様な形の主張が成り立ちます. 上で示した $n = 2$ の場合を証明しておきましょう.

［証明］ U を $\mathbb{R}^2$ の開集合とし, U の 1 点 $a = (a_x, a_y) \in U$ をとります. a を中心とする半径 r の開円板を $B_{a,r}$ と書きます. 正数 r を十分小さくとれば, $\overline{B}_{a,r} \subset U$ となっています. その場合, 微分可能関数 P, Q に対して, グリーンの公式

$$\int_{\partial B_{a,r}} (Pdx + Qdy) = \int_{B_{a,r}} (Q_x - P_y)\, dxdy$$

が成り立ちます. v を U 上の調和関数とし, $P = -v_y$, $Q = v_x$ に対してグリーンの公式をあてはめると,

$$\int_{\partial B_{a,r}} (-v_y dx + v_x dy) = \int_{B_{a,r}} (v_{xx} + v_{yy})dxdy = 0 \qquad (12.1)$$

となります. 円周 $\partial B_{a,r}$ を

$$x(\theta) = a_x + r\cos\theta, \quad y(\theta) = a_x + r\sin\theta$$

と, 角度パラメーター θ であらわします.

2 変数関数

$$g(r, \theta) = v(a_x + r\cos\theta, a_y + r\sin\theta)$$

に対して,

$$g_r(r, \theta) = v_x\cos\theta + v_y\sin\theta$$

と計算ができます.

これを円周 $\partial B_{a,r}$ に沿って積分します. (12.1) を用いると,

$$\int_0^{2\pi} g_r(r, \theta)d\theta = \int_0^{2\pi} (v_x\cos\theta + v_y\sin\theta)d\theta = \frac{1}{r}\int_0^{2\pi} (v_x y'(\theta) - v_y x'(\theta))d\theta$$

$$= \frac{1}{r}\int_{\partial B_{a,r}} (-v_y dx + v_x dy) = 0$$

がえられます. このことから, 積分

$$\int_0^{2\pi} g(r, \theta)d\theta = \int_0^{2\pi} v(a_x + r\cos\theta, a_y + r\sin\theta)d\theta$$

は r に依存しないことになります. ここで, 微分と積分の順序の交換

$$\frac{d}{dr}\int_0^{2\pi} g(r, \theta)d\theta = \int_0^{2\pi} g_r(r, \theta)d\theta$$

が可能だということを用いています. したがって, $r \to 0$ の極限を考えることにより,

$$\int_0^{2\pi} v(a_x + r\cos\theta, a_y + r\sin\theta)\, d\theta = 2\pi v(a_x, a_y)$$

が, $\overline{B}_{a,r} \subset U$ である限り成り立つことがわかります. ∎

鏡像原理のために必要なのは, これの逆命題です.

平均値定理の逆

$\mathbb{R}^2$ の開集合 U 上の連続な実関数 v は平均値の性質をもつとする. つまり, U の任意の点 $a = (a_x, a_y)$ に対して正数 R がとれて, $0 < r < R$ ならば

$$v(a_x, a_y) = \frac{1}{2\pi} \int_0^{2\pi} v(a_x + r\cos\theta, a_y + r\sin\theta)d\theta$$

が成り立つとする. このとき, v は U 上の調和関数である.

[証明] U を $\mathbb{R}^2$ の開集合とし, 連続関数 $v : U \to \mathbb{R}$ は上の仮定をみたすとします. U の点 a を任意にとります. a を中心とする開円板 $B_{a,r}$ があって, $B_{a,r}$ 上で v が調和関数であることを示せば十分です.

$\overline{B}_{a,r} \subset U$ となる開円板 $B_{a,r}$ をとります. このとき, 円周 $\partial B_{a,r}$ 上での値が v と一致する $\overline{B}_{a,r}$ 上の連続関数で, $B_{a,r}$ 上では調和関数となっているものを v_0 としましょう. そのような連続関数はいつでも存在します. 実際, この境界値問題の解は, ポアソン積分

$$v_0(\rho\cos\theta, \rho\sin\theta) = \frac{1}{2\pi} \int_0^{2\pi} \frac{(r^2 - \rho^2)v(r\cos\phi, r\sin\phi)}{r^2 - 2r\rho\cos(\theta - \phi) + \rho^2} d\phi$$

であたえることができます.

$\overline{B}_{a,r}$ 上で $v = v_0$ であることを示せばよいです. そこで, $v > v_0$ となる点があると仮定すると, 矛盾が生じることをみていきます. $v - v_0$ はコンパクト集合 $\overline{B}_{a,r}$ 上の連続関数ですので, 第3話の [極値定理] により, 最大値 $M > 0$ をもちます. 境界上では $v - v_0 = 0$ となっているために, 最大値をとるのは $B_{a,r}$ 上の点に限られることに注意します. そこで,

$$A = \{p \in B_{a,r} | v(p) - v_0(p) = M\}$$

とおきましょう. A は $v - v_0$ が連続写像であることから, $\mathbb{R}^2$ の閉部分集合となっています.

A の点で a から最も遠い点の1つをとり, b とします. そのような点があることは, A がコンパクトなことと, 距離関数 $p \mapsto \|p - a\|$ が連続なことを用いて, 第3話の [極値定理] よりしたがいます.

b は開円板 $B_{a,r}$ の点なので, b を中心とする閉円板 B で, $\overline{B} \subset B_{a,r}$ となるものがとれます. [調和関数に関する平均値定理] より, $v_0(b)$ は ∂B における v_0 の値の平均になっています. v は現段階では調和関数かどうかはわかりません

が, 仮定により, B として十分小さい半径のものをとったとすれば, $v(b)$ は ∂B における v の値の平均となっています. したがって, $v(b) - v_0(b) = M$ は ∂B における $v - v_0$ の値の平均となります. ところが, M は $v - v_0$ の最大値なので, ∂B の各点で $v - v_0$ の値は M でなければなりません. このことは, b が a から最も遠い A の点だとしたことと矛盾します. したがって, $v > v_0$ となる点は $\overline{B}_{a,r}$ には存在しないことになります.

同様にして, $v < v_0$ となる点も存在しないことがわかるので, $\overline{B}_{a,r}$ 上で $v = v_0$ となり, 特に v は $B_{a,r}$ 上で調和関数になっていることになります. $a \in U$ は任意なので, v は U 上の調和関数です. ∎

鏡像原理というのは, $\mathbb{R}^2$ の $y > 0$ の領域で定義された調和関数が, x 軸のある開区間 I でゼロとなるとき, I を鏡のように見立てて, $y < 0$ の領域に定義域を拡げることができるという主張です. 鏡である I 上の各点でも調和となっていることは, 平均値の性質から保証されます.

調和関数の鏡像原理

$\mathbb{R}^2$ の開集合 U は, x 軸に関して対称だとする. つまり, $(x, y) \in U$ ならば $(x, -y) \in U$ が成り立つとする. 上半平面 $H_+ = \{(x, y) \in \mathbb{R}^2 | y > 0\}$ と U の共通部分を U_+, 下半平面 $H_- = \{(x, y) \in \mathbb{R}^2 | y < 0\}$ と U の共通部分を U_-, U と x 軸との共通部分を I としたとき, I は空ではない開区間となっているとする.

$U_+ \cup I$ 上の連続な実関数 v は, U_+ 上では調和関数で, I 上ではゼロとなっているとする. このとき, U_- 上の各点 (x, y) で

$$v(x, y) = -v(x, -y)$$

とおくことにより, v は U 上の調和関数に拡張される.

[証明] 連続関数 $v : U_+ \cup I \to \mathbb{R}$ があったとき, $(x, y) \in U_-$ に対して

$$v(x, y) = -v(x, -y)$$

とおくことにより, v の定義域を U に拡張すれば, v が U 上の連続関数で, U_- 上では調和関数となることは簡単に確かめられます. あとは, I の各点の近傍で調和関数となっていることを確かめればよいです.

p を I の任意の点とします. p は開集合 U の点なので, p を中心とする開円板

B で, $\overline{B} \subset U$ となっているものがとれます. $v(p) = 0$ である一方, v は y に関して奇関数なので, $\overline{B}$ 上の v の値の平均もゼロとなります. このことが B の半径によらずに成り立ちます. ［平均値定理の逆］より, v は U 上の調和関数となっています. ∎

　最終的な目標は, 正則関数に関する, 次のシュヴァルツの鏡像原理を示すことです. 第9話の［正則関数の性質］に含まれている, モレラの定理を用いて示すこともできますが, ここでは［調和関数の鏡像原理］から導くことにします.

シュヴァルツの鏡像原理

複素平面 $\mathbb{C}$ の開集合 U は, 実軸に関して対称だとする. つまり, $z \in U$ ならば $\bar{z} \in U$ が成り立つとする. 上半平面 $H_+ = \{z \in \mathbb{C} | \mathrm{Im}\,(z) > 0\}$ と U の共通部分を U_+, 下半平面 $H_- = \{z \in \mathbb{C} | \mathrm{Im}\,(z) < 0\}$ と U の共通部分を U_-, U と実軸との共通部分を I としたとき, I は空ではない開区間となっているとする.

$U_+ \cup I$ 上の連続な複素関数 f は, U_+ 上では正則で, I 上では実数値をとるとする. このとき, U_- 上の各点 z で

$$f(z) = \overline{f(\bar{z})}$$

とおくことにより, f は U 上の正則関数に拡張される.

[証明] f は $U_+ \cup I$ 上の複素連続関数で, U_+ 上で正則, I 上では実数値をとるとします. $f = u + iv$ と実部と虚部に分解して考えます. U_- の各点 z において

$$f(z) = \overline{f(\bar{z})}$$

とすることにより, f を U 上の連続関数に拡張することができます. 同時に, u, v も U 上の連続関数に拡張されます. U_- 上では,

$$f(x + iy) = u(x, -y) - iv(x, -y)$$

となっています. これはコーシー・リーマンの関係式をみたすことが確かめられますので, f は U_- で正則です. また, ［調和関数の鏡像原理］より, f の虚部 v は U 上の調和関数となっています. あとは, f が I 上の各点の近傍で正則となることを確かめるだけです.

　$p \in I$ を任意にとり, p を中心とする開円板 B を, $B \subset U$ となるようにとります. v は B 上の調和関数なので, B 上で v に共役な調和関数 u_0, つまり

$$(u_0)_x = v_y, \quad (u_0)_y = -v_x$$

をみたす B 上の実関数があります. 実際, C を実の定数として,

$$u_0(x,y) = \int_p^{(x,y)} (v_y(s,t)ds - v_x(s,t)dt) + C$$

とおけばよいです. ただし, 積分は p から $x + iy \in B$ に至る, B 内の区分的になめらかな曲線に沿って行います. グリーンの公式を用いると, v が調和関数であることから, この積分が積分路のとり方によらずうまく定義されていることがわかります. このとき, $u_0 + iv$ は B 上で正則となります.

共役な調和関数は定数を除いて一意的ですので, C をうまく選ぶことにより, $B \cap U_+$ 上では $u_0 - u = 0$ が成り立つようにできます. u は $B \cap U_-$ 上では調和関数になっているので, $B \cap U_-$ 上においても $u_0 - u$ は定数関数です. $u_0 - u$ の連続性から, $B \cap U_-$ 上でも $u_0 - u = 0$ でなければなりません. また, $u_0 - u$ の連続性から, $B \cap I$ 上でも $u_0 - u = 0$ となります. 以上より, u は B 上で v に共役な調和関数となっていることになり, $f = u + iv$ が B 上で正則だとわかります. $p \in I$ は任意なので, f は U 上の正則関数です. ■

この証明のポイントは, I 上の点 p を中心とする開円板 B 上で, 調和関数 v と共役な調和関数 u_0 を考えることにあります. 共役な調和関数の一意性から, $u_0 - u$ が $B \cap (U_+ \cup U_-)$ 上の局所定数関数であることがいえ, さらに連続性から, B 上の定数関数になるというロジックになっています.

$f : U_+ \to \mathbb{C}$ を鏡像原理によって $f : U_+ \cup I \cup U_-$ に拡張したとき, U_- の像 $f(U_-)$ は, $f(U_+)$ を実軸に関して反転させたものになっています. 上の定理では, 実軸上の開区間 I 上で f が実数値をとることが条件でしたが, I 上で偏角が一定であれば, あるいはさらに一般に, ある線分が線分に写される場合には, 自明な修正によって鏡像原理を適用できることに注意しておきます.

13話

正 則 関 数 列

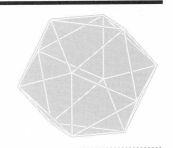

第5話の［連続関数の列の一様収束］では，連続関数の列が定義域上で一様収束するとき，極限の関数にも連続性が遺伝するということをみました．そのときは，まだ正則関数の話をしていなかったので述べてなかったのですが，正則性についても同様なことが成り立ちます．つまり，一様収束する正則関数の列の極限も正則関数になります．このことは，正則関数の列から新しい正則関数を構成するのに使えます．定義域で一様収束するという条件は必ずしも要るわけでなく，定義域内の任意の閉円板上で一様収束すれば十分です．関数列のこのような性質を，広義一様収束性といいます．

> ［定義］ 広義一様収束
>
> 複素平面の部分集合 D を定義域とする複素関数の列 $\{f_n\}_{n \in \mathbb{N}}$ が $f : D \to \mathbb{C}$ に広義一様収束するとは，$K \subset D$ となる $\mathbb{C}$ の任意のコンパクト部分集合 K 上で f に一様収束することをいう．

定義域が D の関数列が一様収束するとき，定義域を D の部分集合に制限しても一様収束することが，一様収束性の定義からしたがいます．これから，一様収束するなら広義一様収束もします．一方で，$\mathbb{C} \setminus \{0\}$ 上の関数列 $\{1/z^n\}_{n \in \mathbb{N}}$ は，定数関数 0 に広義一様収束しますが，一様収束はしません．つまり，広義一様収束性は一様収束性よりも純粋に弱い条件ということになります．

以下では開集合を定義域とする関数列を考える場合も多いですので，次の補題によって，広義一様収束性をもう少し扱いやすいいい方に直しておきたいと思います．

開集合上の関数列の広義一様収束

開集合 U を定義域とする複素関数の列 $\{f_n\}_{n\in\mathbb{N}}$ が $f: U \to \mathbb{C}$ に広義一様収束する必要十分条件は, U 内の任意の閉円板上で f に一様収束すること.

[証明] 閉円板は $\mathbb{C}$ のコンパクト部分集合ですので, 必要性は明らかです. 十分性を示すため, 関数列 $\{f_n\}_{n\in\mathbb{N}}$ は U の任意の閉円板上では f に一様収束するとしましょう. このとき, $K \subset U$ となる $\mathbb{C}$ の任意のコンパクト部分集合 K 上で一様収束することを示せばよいです. K を U に含まれる $\mathbb{C}$ のコンパクト集合としましょう. K の任意の点 x に対して, x を中心とする開円板 B_x で, 閉包 $\overline{B_x}$ が U に含まれるようなものをとります. この操作は x が開集合 U の点であることから可能です. 開円板の族 $\{B_x\}_{x\in K}$ は K の開被覆ですが, K は $\mathbb{C}$ のコンパクト集合なので, K の有限個の点 $x_1,\ldots,x_m$ がとれて, $\{B_{x_i}\}_{i=1}^{m}$ が K の開被覆となるようにできます. 仮定より, 各 $i = 1,\ldots,m$ について, $\{f_n\}_{n\in\mathbb{N}}$ は $\overline{B_{x_i}}$ 上で f に一様収束します. したがって, $\bigcup_{i=1}^{m} \overline{B_{x_i}}$ 上で一様収束です. ところが

$$K \subset \bigcup_{i=1}^{m} \overline{B_{x_i}}$$

ですので, $\{f_n\}_{n\in\mathbb{N}}$ は K 上で f に一様収束します. ∎

広義一様収束する正則関数の列については, 次の定理がよく知られています.

正則関数の広義一様収束列

開集合 U を定義域とする正則関数の列 $\{f_n\}_{n\in\mathbb{N}}$ が広義一様収束するなら, 極限の関数 $f: U \to \mathbb{C}$ は正則関数となる. またこのとき, 導関数の列 $\{f_n'\}_{n\in\mathbb{N}}$ は f' に広義一様収束する.

[証明] 開集合 U 上の正則関数の列 $\{f_n\}_{n\in\mathbb{N}}$ が $f: U \to \mathbb{C}$ に広義一様収束するとします. $z \in U$ を任意にとり, この点における f の微分可能性をみてみましょう. z を中心とする U 内の開円板 $B = B_{z,r}$ をとります. ただし, 閉包 $\overline{B}$ が U 内の閉円板となっているようにしておきます.

f_n は B 上で正則ですので, B 内の任意の区分的になめらかな閉曲線 γ に対して

$$\int_\gamma f_n(z)dz = 0$$

です.

　仮定より, 関数列 $\{f_n\}_{n\in\mathbb{N}}$ は $\overline{B}$ 上で f に一様収束します. γ は $\overline{B}$ 内の閉曲線ですので, γ 上でも f に一様収束します. このことに注意すると第 9 話の［極限操作と積分の順序の交換］を用いることができ,

$$\int_\gamma f(z)dz = \lim_{n\to\infty}\int_\gamma f_n(z)dz = 0$$

が成り立つことがわかります. したがって, 第 9 話の［正則関数の性質］より f は B 上で正則, 特に z で微分可能です. $z \in U$ は任意ですので, $f : U \to \mathbb{C}$ は正則関数だとわかりました.

　次に K を U 内の任意の閉円板とし, K 上での $\{f_n'\}_{n\in\mathbb{N}}$ の一様収束性を確かめてみましょう. K は $K = \overline{B}_{c,r}$ という形をしているとします. 正数 $R > r$ がとれて, $\overline{B}_{c,R} \subset U$ となるようにできます. 第 9 話の［グルサの公式］より, $z \in K$ に対して,

$$f_n'(z) - f'(z) = \frac{1}{2\pi i}\int_{\partial B_{c,R}}\frac{f_n(\zeta) - f(\zeta)}{(\zeta - z)^2}d\zeta$$

が成り立ちます.

　K 上で $\{f_n\}_{n\in\mathbb{N}}$ は f に一様収束するので, 任意の正数 ϵ に対して, 自然数 N がとれて, $n \geq N$ ならば

$$|f_n(z) - f(z)| < \epsilon$$

がすべての $z \in K$ に対して成り立つようにできます. そのような n に対して

$$|f_n'(z) - f'(z)| \leq \frac{1}{2\pi}\int_{\partial B_{c,R}}\frac{|f_n(\zeta) - f(\zeta)|}{|\zeta - z|^2}|d\zeta| < \frac{\epsilon R}{(R - r)^2}$$

がすべての $z \in K$ で成り立ちます. これは, $\{f_n'\}_{n\in\mathbb{N}}$ が K 上で f' に一様収束することを意味します. K は U 内の任意の閉円板としましたので, $\{f_n'\}_{n\in\mathbb{N}}$ は f' に広義一様収束します.

　これを繰り返し用いると, 同じ条件のもとで高階導関数の列 $\{f_n^{(m)}\}_{n\in\mathbb{N}}$ が $f^{(m)}$ に広義一様収束するとわかります. また, 関数列として級数を考えると次のようになります.

項別微分定理

各項が開集合 U 上の正則関数であるような級数 $\sum_{k=0}^{\infty} f_k(z)$ が U 上で広義一様収束するなら, 導関数は

$$\left(\sum_{k=0}^{\infty} f_k(z)\right)' = \sum_{k=0}^{\infty} f_k'(z)$$

であたえられ, U 上で広義一様収束する.

次は関数列の一様有界性についてです.

[定義] 関数列の一様有界性

複素平面の部分集合 D を定義域とする複素関数の列 $\{f_n\}_{n\in\mathbb{N}}$ が一様有界であるとは, 正数 M がとれて, すべての自然数 n とすべての $z \in D$ に対して $|f_n(z)| \leq M$ が成り立つようにできることをいう.

D 上の有界な関数の列といったときは, 自然数 n を任意にとったときに, 任意の $z \in D$ に対して $|f_n(z)| \leq M_n$ が成り立つような正数 M_n がとれるという意味になります. M_n が自然数 n によらずにとれるときに一様有界となります.

続いて, 関数列の同程度一様連続性についてです.

[定義] 関数列の同程度一様連続性

複素平面の部分集合 D を定義域とする複素関数の列 $\{f_n\}_{n\in\mathbb{N}}$ が同程度一様連続であるとは, 任意の正数 ϵ に対して正数 δ がとれて, すべての自然数 n と, $|z - z'| < \delta$ をみたすすべての $z, z' \in D$ に対して

$$|f_n(z) - f_n(z')| < \epsilon$$

が成り立つようにできるときをいう.

D 上の一様連続な関数の列といったときは, 自然数 n を任意にとったときに, 任意の $\epsilon > 0$ に対して, $\delta_{n,\epsilon} > 0$ がとれて, $|z - z'| < \delta_{n,\epsilon}$ ならば

$$|f_n(z) - f_n(z')| < \epsilon$$

が成り立つようにできることを意味します. 同程度一様連続というのは, $\delta_{n,\epsilon}$ が自然数 n によらずにとれるときのことです.

第9話の［シュヴァルツの補題］から，一様有界な正則関数列がコンパクト集合上で同程度一様連続だということがわかります．ここでは閉円板について述べておきます．

一様有界な正則関数列

開集合 U を定義域とする正則関数からなる，一様有界な関数列 $\{f_n\}_{n \in \mathbb{N}}$ は，U 内の任意の閉円板上で同程度一様連続．

［証明］$\{f_n\}_{n \in \mathbb{N}}$ を開集合 U 上の一様有界な正則関数の列とすると，正数 M がとれて，すべての n と $z \in U$ に対して $|f_n(z)| \le M$ が成り立つようにできます．

$K = \overline{B_{c,r}}$ を U に含まれる任意の閉円板とします．U は開集合なので，正数 R がとれて，$B_{c,r+R} \subset U$ となっているようにできます．正数 ϵ と $z \in K$ を任意にとります．$B_{z,R} \subset U$ となっているので，第9話の［シュヴァルツの補題］を $f_n : B_{z,R} \to \mathbb{C}$ に適用します．$z' \in B_{z,R}$ とすると，

$$|f_n(z') - f_n(z)| \le |f_n(z')| + |f_n(z)| \le 2M$$

ですので，すべての $z' \in B_{z,R}$ に対して

$$|f_n(z') - f_n(z)| \le \frac{2M}{R}|z' - z|$$

が成り立ちます．したがって，正数 δ を

$$\delta = \min\left\{ \frac{\epsilon R}{2M}, R \right\}$$

ととると，$|z' - z| < \delta$ ならば

$$|f_n(z') - f_n(z)| < \epsilon$$

が成り立つことになります．

正数 δ は $n \in \mathbb{N}$ と $z \in K$ のとりかたによらないので，関数列 $\{f_n\}_{n \in \mathbb{N}}$ は K 上で同程度一様連続です． ∎

この結果を使って，次のモンテルの定理が示せます．

モンテルの定理

開集合を定義域とする一様有界な正則関数列は，広義一様収束する部分列をもつ．

[証明] $\{f_n\}_{n\in\mathbb{N}}$ を開集合 U を定義域とする正則関数の一様有界な関数列とすると, 正数 M がとれて, すべての $n \in \mathbb{N}$, $z \in U$ に対して $|f_n(z)| \leq M$ が成り立つようにできます. $A = \{a_k\}_{k\in\mathbb{N}}$ を U の点列で, 集合としては $\overline{A} \supset U$ となっているようなものとします. 例えば

$$A = \left\{ \frac{2j+1}{2^n} + i\frac{2k+1}{2^n} \in U \,\middle|\, j, k \in \mathbb{Z}, n \in \mathbb{N} \right\}$$

は U の可算部分集合で, U の任意の点は A の触点となっていますので, A のそれぞれの元に自然数を対応させることにより, 点列としたものを考えればよいです. 以下の議論で, A の具体的な形は必要ありません.

関数列の $a_1 \in U$ における値から, 点列 $\{f_n(a_1)\}_{n\in\mathbb{N}}$ が作れます. この点列は, 複素平面の閉円板 $\overline{B_{0,M}}$, つまりコンパクト集合上の点列です. 第3話の [コンパクト集合の点列コンパクト性] より, $\{f_n(a_1)\}_{n\in\mathbb{N}}$ は $\overline{B_{0,M}}$ 上の点に収束する部分列をもちます. 別の言い方をすると, 関数列 $\{f_n\}_{n\in\mathbb{N}}$ の部分列 $\{f_{1,n}\}_{n\in\mathbb{N}}$ がとれて, 点列 $\{f_{1,n}(a_1)\}_{n\in\mathbb{N}}$ は $\overline{B_{0,M}}$ 上の点に収束します.

同様にして, 関数列 $\{f_{1,n}\}_{n\in\mathbb{N}}$ の部分列 $\{f_{2,n}\}_{n\in\mathbb{N}}$ がとれて, 点列 $\{f_{2,n}(a_2)\}_{n\in\mathbb{N}}$ は $\overline{B_{0,M}}$ 上の点に収束します. また, 収束列 $\{f_{1,n}(a_1)\}_{n\in\mathbb{N}}$ の任意の部分列は収束するので, 点列 $\{f_{2,n}(a_1)\}_{n\in\mathbb{N}}$ も収束することに注意しておきます.

このように部分列をとる操作

$$\{f_n\}_{n\in\mathbb{N}} \supset \{f_{1,n}\}_{n\in\mathbb{N}} \supset \{f_{2,n}\}_{n\in\mathbb{N}} \supset \cdots \supset \{f_{k,n}\}_{n\in\mathbb{N}} \supset \cdots$$

を続けていくことにより, 任意の自然数 k に対して, $\{f_n\}_{n\in\mathbb{N}}$ の部分列 $\{f_{k,n}\}_{n\in\mathbb{N}}$ で, $\{a_1, \ldots, a_k\}$ の各点で収束するものがえられます.

関数列

$$\{g_n\}_{n\in\mathbb{N}} = \{f_{n,n}\}_{n\in\mathbb{N}}$$

を考えてみましょう. 任意の自然数 k に対して, $\{g_n\}_{n=k}^{\infty}$ は $\{f_{k,n}\}_{n\in\mathbb{N}}$ の部分列ですので, $\{a_1, \ldots, a_k\}$ の各点で収束します. このことから, $\{g_n\}_{n\in\mathbb{N}}$ が A の各点で収束することがわかります.

関数列 $\{g_n\}_{n\in\mathbb{N}}$ が広義一様収束することをみてみましょう. ここではじめて, f_n の正則性を用いることになります. K を U 内の任意の閉円板として, 任意の正数 ϵ をとります. [一様有界な正則関数列] より, $\{g_n\}_{n\in\mathbb{N}}$ は K 上で同程度一様連続ですので, 正数 δ がとれて, すべての自然数 n と $|z_1 - z_2| < \delta$ をみた

すすべての $z_1, z_2 \in K$ に対して,

$$|g_n(z_1) - g_n(z_2)| < \epsilon$$

が成り立つようにできます.

$A \cap K$ は可算集合なので,それをあらためて $\{b_k\}_{k \in \mathbb{N}}$ とします.各 b_k を中心とする半径 δ の開円板を B_k とすると,$\{B_k\}_{k \in \mathbb{N}}$ は K の開被覆となります.これは K の各点が,$A \cap K$ の触点となっているからです.K はコンパクト集合なので,$\{B_k\}_{k \in \mathbb{N}}$ の有限部分被覆がとれます.それをあらためて $\{U_k\}_{k=1}^{s}$ と書き,U_k の中心を c_k とします.もちろん,$\{c_k\}_{k=1}^{s}$ は A の有限部分集合です.

$z \in K$ を任意にとると,$z \in U_k$ となる自然数 $k \in \{1, \ldots, s\}$ がとれます.このとき,

$$|z - c_k| < \delta$$

が成り立ちます.したがって,すべての自然数 n に対して

$$|g_n(z) - g_n(c_k)| < \epsilon$$

が成り立ちます.

また,$\{g_n(c_k)\}_{n \in \mathbb{N}}$ は収束列ですので,自然数 N_k がとれて,$n, m \geq N_k$ ならば

$$|g_n(c_k) - g_m(c_k)| < \epsilon$$

が成り立つようにできます.

以上のことから,$n, m \geq N_k$ をみたすすべての自然数の組 (n, m) に対して

$$|g_n(z) - g_m(z)| \leq |g_n(z) - g_n(c_k)| + |g_n(c_k) - g_m(c_k)| + |g_m(c_k) - g_m(z)|$$
$$< 3\epsilon$$

が成り立ちます.この時点で,$\{g_n\}_{n \in \mathbb{N}}$ が K 上の各点で収束することはわかりましたが,N_k が z のとり方によっているので,一様収束性を示したことにはなっていません.

そこで,

$$N = \max\{N_k\}_{k=1}^{s}$$

ととります.こうすると,任意の $z \in K$ と,$n, m \geq N$ をみたすすべての自然数の組 (n, m) に対して

$$|g_n(z) - g_m(z)| < 3\epsilon$$

が成り立つことになるので,$\{g_n\}_{n \in \mathbb{N}}$ が K 上で一様収束していることがわかります.

14話

双正則写像

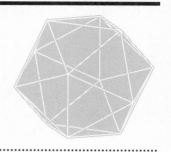

　正則関数 $f : U \to \mathbb{C}$ は, 複素平面の開集合 U を複素平面の部分集合 $V = f(U)$ に写します. これは, 地図を描くことに似ています. 例えば U が東京都なら, V が地図に描いた東京都です. 通常の地図は単に距離を何分の 1 かに縮小するだけなのですが, 正則関数を使って描いた地図は, 一般には実物よりかなり形が変わってしまいます. 形は変わるのですが, ある性質だけは忠実に保たれます. それは角度です. 例えば, 都内に長方形の公園があったとしましょう. この公園は, 地図上では長方形ではなく, 一般には各辺が曲線になるでしょう. それでも, 隣り合う曲線が直角で交わるという性質は保たれます.

　正則関数 $f : U \to \mathbb{C}$ が単射, つまり $f(z_1) = f(z_2)$ ならば $z_1 = z_2$ が成り立つとしましょう. $V := f(U)$ を f の像とすると, $f : U \to V$ はこのとき全単射となります. 最初に示しておきたいのは, 逆写像 $f^{-1} : V \to U$ が正則だということです. これに至るにはいくつかのステップを踏みます.

　偏角の原理から紹介しておきます. $f : U \to \mathbb{C}$ を正則関数とし, $\gamma : [a, b] \to \mathbb{C}$ を, f のゼロ点を通らない U 内の区分的になめらかな閉曲線だとします. 閉曲線 γ と f との合成

$$f(\gamma) : [a, b] \to \mathbb{C}; t \mapsto f(\gamma(t))$$

は区分的になめらかな閉曲線となります. これを極表示で

$$f(\gamma)(t) = r(t) e^{i\theta(t)}$$

と書くことにより, $r : [a, b] \to \mathbb{R}$ と $\theta : [a, b] \to \mathbb{R}$ を定義します. γ が f のゼロ点を通らないことから, $r(t) = 0$ となることはありません. $f(\gamma)$ は閉曲線なので $r(a)e^{i\theta(a)} = r(b)e^{i\theta(b)}$ です. このことから $r(a) = r(b)$ ですが, $\theta(a)$ と $\theta(b)$ は 2π の整数倍だけ異なっていてもよいです. $\theta(b) - \theta(a)$ を 2π で割ったものは, $f(\gamma)$ が原点のまわりを反時計回りに何周するのかをあらわすことが理解で

きると思います. この巻きつき数を
$$w_f(\gamma) = \frac{\theta(b) - \theta(a)}{2\pi}$$
と書いておきましょう.

巻きつき数は f'/f を γ 上で積分することでえられます. それは,
$$\int_\gamma \frac{f'(z)}{f(z)}dz = \int_{f(\gamma)} \frac{df}{f} = \int_a^b \frac{1}{r(t)e^{i\theta(t)}} \left(\frac{d}{dt}r(t)e^{i\theta(t)}\right) dt$$
$$= \int_a^b \frac{d}{dt}\left(\log r(t) + i\theta(t)\right) dt = i(\theta(b) - \theta(a)) = 2\pi i w_f(\gamma)$$
という具合にです.

f を V 上の有理型関数とします. つまり, V を複素平面の開集合とし, V から V の有限個の点からなる集合 S を除いてできる開集合 $U = V \setminus S$ で f は正則で, S に属する点はすべて f の極だとします. γ は U 内の区分的になめらかな閉曲線で, f のゼロ点を通らないものです. また, V 内のホモトピーによって, γ は 1 点に連続変形でき, この変形の途中で, f の有限個の極 $p_1, \ldots, p_s$ と, 有限個のゼロ点 $c_1, \ldots, c_r$ を, それぞれ正の向きに 1 度だけ通過することとします. 曲線のホモトピーが「正の向きに通過」することについては, 第 11 話での説明を思い出してください.

f の極 p_k の位数を n_k とすると, ローラン級数展開
$$f(z) = a_{-n_k}(z - p_k)^{-n_k} + \cdots$$
より,
$$\frac{f'(z)}{f(z)} = -\frac{n_k}{z - p_k} + \cdots$$
ですので, f'/f は p_k に位数 1 の極をもち, 留数は $-n_k$ となります.

一方で, f のゼロ点 c_j の位数を m_j とすると, テイラー級数展開
$$f(z) = b_j(z - c_j)^{m_j} + \cdots$$
より,
$$\frac{f'(z)}{f(z)} = \frac{m_j}{z - c_j} + \cdots$$
ですので, f'/f は c_j にも位数 1 の極をもち, 留数は m_j です.

これらのことと, 第 11 話の ［留数定理］ より,
$$\int_\gamma \frac{f'(z)}{f(z)}dz = 2\pi i \left(\sum_{j=1}^r m_j - \sum_{k=1}^s n_k\right)$$
となります. 次がいえたことになります.

偏角の原理

$f : U \to \mathbb{C}$ を正則関数, S を f の孤立特異点の集合とする. γ を U 内の区分的になめらかな閉曲線で, f のゼロ点を通らないものとし, $U \cup S$ 内のホモトピーによって, U の点 c への定値写像に変形することができるとする. その変形の途中で, 有限個の極 $p_1, \ldots, p_s$ と有限個のゼロ点 $c_1, \ldots, c_r$ をそれぞれ正の向きに 1 度ずつ通過するとする. このとき,

$$w_f(\gamma) = \sum_{j=1}^{r} m_j - \sum_{k=1}^{s} n_k$$

が成り立つ. ただし, m_j をゼロ点 c_j の位数, n_k を極 p_k の位数とする.

この定理が主張しているのは, 閉曲線 γ の正則関数 f による像 $f(\gamma)$ が原点のまわりに巻きついている回数が, γ に囲まれた位数をこめて数えたゼロ点の個数と, 位数をこめて数えた極の個数の差に等しいということです. 偏角の原理から, 次のルーシェの定理がえられます.

ルーシェの定理

$f, g : U \to \mathbb{C}$ を正則関数とする. γ を U 内の区分的になめらかな閉曲線で, f, g のゼロ点を通らないものとし, U 内のホモトピーによって, U の点 c への定値写像に変形することができるとする. その変形の途中で, f のゼロ点 $c_1, \ldots, c_r$ と g のゼロ点 $d_1, \ldots, d_s$ をそれぞれ正の向きに 1 度ずつ通過するとする. また, γ 上で不等式

$$|f(z) - g(z)| < |f(z)|$$

が成り立つとする. このとき,

$$\sum_{j=1}^{r} m_j = \sum_{k=1}^{s} m'_k$$

が成り立つ. ただし, m_j は f のゼロ点 c_j の位数, m'_k は g のゼロ点 d_k の位数とする.

[証明] $h = g/f$ とすると, γ 上で

$$|h(z) - 1| < 1$$

が成り立つので, 閉曲線 $h(\gamma)$ は原点に巻きつきません. h のゼロ点は g の同じ位数をもつゼロ点, h の極はその位数と同じ位数をもつ f のゼロ点に対応することから, [偏角の原理] を h に対して適用すればよいです. ∎

　正則関数のゼロ点の近傍での振る舞いについて考えてみましょう. 例えば $f(z) = z^m$ としてみましょう. ただし m は自然数です. $z = 0$ は位数 m のゼロ点で, f による穴のあいた開円板 $A = B_{0,r} \setminus \{0\}$ の像は, 穴のあいた開円板 $f(A) = B_{0,r^m} \setminus \{0\}$ です. この対応は m 対 1 で, f のはたらきは, A を $f(A)$ の上にらせん階段のように m 重に巻きつけるようなものになっています.

　より一般的な正則関数については, 次のような議論ができます. $f : U \to \mathbb{C}$ を正則関数とし, $c \in U$ を f の位数 m のゼロ点とします. 第 12 話の [べき級数のゼロ点は孤立点] より, 正数 r がとれて, 開円板 $B = B_{c,r}$ とその境界上には c の他に f のゼロ点がないようにできます. B の境界は半径 r の円周で, 特にコンパクト集合なので, 第 3 話の [極値定理] より, その円周上のどこかで $|f(z)|$ が最小になる点があります. その最小値を

$$\delta = \min\{|f(z)| \in \mathbb{R} \mid |z - c| = r\}$$

とし, 0 の δ-近傍 $C = B_{0,\delta}$ を考えます.

　B の境界を反時計回りに 1 周する閉曲線を

$$\gamma : [0, 2\pi] \to \mathbb{C}; t \mapsto c + re^{it}$$

とします. 今, $w \in C$ を任意にとり, $g(z) = f(z) - w$ によって, f の値を少しだけシフトしただけの正則関数 g を定義すると, γ 上で

$$|f(z) - g(z)| = |w| < \delta \leq |f(z)|$$

が成り立ちます. すると [ルーシェの定理] が使えて, B 上には g のゼロ点, つまり $f(z) = w$ となる点が, 重複度も込めて m 個あるということになります. 言い換えると, f によって f のゼロ点 c の近傍 $B \cap f^{-1}(C)$ と, 0 の近傍 C は m 対 1 に対応していることがわかりました (図 14.1). 特に, 2 位以上のゼロ点のまわりでは, f は単射ではありません. そこで, ただちに次がしたがいます.

正則関数が 1 対 1 となる必要条件

正則関数 $f : U \to \mathbb{C}$ が単射ならば, 導関数 f' は U 上にゼロ点をもたない.

[証明] f' が $c \in U$ でゼロ点をもつとすれば, $g(z) = f(z) - f(c)$ によって定義

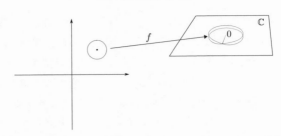

図 14.1 f の位数 2 のゼロ点の近傍は，f による像と 2 対 1 に対応する．

される正則関数 g は c に 2 位以上のゼロ点をもつことになり，$g : U \to \mathbb{C}$ は c の近傍で単射ではなくなります．したがって，f も単射ではなくなります． ■

　この逆の命題は大域的には成り立ちませんが，局所的には成り立ちます．このことは，正則関数に限らず，$\mathbb{R}^n$ から $\mathbb{R}^n$ の連続微分可能写像に対する逆関数定理として知られています．具体的には，$\mathbb{R}^n$ の場合，ヤコビ行列が正則なら，局所的に全単射で，逆も連続微分可能だということがいえます．正則関数に対しては次の形で述べることができます．

> ### 逆関数定理
>
> 正則関数 $f : U \to \mathbb{C}$ の $c \in U$ における微分係数がゼロでないとき，正数 r がとれて，f を $B = B_{c,r}$ に制限してできる関数 $f : B \to \mathbb{C}$ が単射となるようにできる．また，このとき逆関数 $f^{-1} : f(B) \to \mathbb{C}$ は正則関数となる．

　ルーシェの定理を用いて，正則関数のゼロ点の近傍と，その像である 0 の近傍が局所的に m 対 1 に対応しているという議論を先ほどしました．これから，開集合の正則関数による像が開集合になるということがいえます．定義域の任意の開集合の像が開集合となるような距離空間の間の写像を，一般に開写像といいますので，正則関数は開写像になっている，といういい方もできます．

> ### 開写像定理
>
> 定数関数ではない正則関数による開集合の像は開集合である．

[証明] U を開集合とし，f は U 上で正則かつ定数関数ではないとします．$c \in U$ を任意にとり，$g(z) = f(z) - f(c)$ によって正則関数 $g : U \to \mathbb{C}$ を定義すると，c は g のゼロ点になります．ゼロ点 c の位数を m とすると，先ほどの議論か

ら, c を中心とする U 内の開円板 B と, $g(c)(=0)$ の属する開集合 C があって, $g : B \cap g^{-1}(C) \to C$ は m 対 1 写像になります. 特に $C \subset g(U)$ です. この C に対して

$$V_c = f(c) + C = \{f(c) + z \in \mathbb{C} | z \in C\}$$

と定義すると, $V_c \subset f(U)$ で, V_c は $f(c)$ の属する $\mathbb{C}$ の開集合です. U の f による像 $f(U)$ は,

$$f(U) = \bigcup_{c \in U} V_c$$

ですので, 開集合の和集合として開集合です. ■

　この定理をどう思えばよいでしょうか. 一般の $\mathbb{R}^n$ の開集合 U から $\mathbb{R}^n$ への連続写像 $f : U \to \mathbb{R}^n$ の場合, f の像が開集合とは限らないのですが, f が単射のときには, $f(U)$ は開集合になります. この主張は「領域不変性」として知られています. 正則関数の場合も, もちろん領域不変性は適用できます. ただ, [開写像定理] は, 定数関数ではない正則写像の領域不変性は, 単射であるという仮定は不要で, 無条件に成り立つといっています.

　写像として単射な正則関数を単葉な正則関数といいます. 単葉な正則関数 $f : U \to \mathbb{C}$ を開集合 U と開集合 $V = f(U)$ の間の写像 $f : U \to V$ とみてみましょう. これは全単射で, 逆写像 $f^{-1} : V \to U$ も正則関数になります. そのようなものは, 双正則写像とよばれます.

[定義]　双正則写像

単葉な正則関数 $f : U \to \mathbb{C}$ がさだめる開集合の間の全単射写像 $f : U \to f(U)$ を, 双正則写像という.

これと関連して, 共形写像というのもあります.

[定義]　共形写像

正則関数 $f : U \to \mathbb{C}$ の導関数がゼロ点をもたないとき, f の定義する写像 $f : U \to f(U)$ を共形写像, ないし等角写像という.

[正則関数が 1 対 1 となる必要条件] から, 双正則写像は共形写像だということがわかります. また, 共形写像は双正則写像とは限りませんが, [逆関数定理]

により，局所的には双正則写像になります．

　双正則写像 $f : U \to V$ は全単射なので U と V との集合としての同一視をあたえています．それだけではなく，U の開集合族と V の開集合族との同一視をあたえます．なぜかというと，f が開写像だということから，U の開集合が，f によって V の開集合に写され，f^{-1} も開写像なことから，V の開集合が，f^{-1} によって U の開集合に写されるからです．U に含まれる開集合の族 $\mathscr{O}_U$ には，和集合をとる操作や共通集合をとる操作が演算として備わっています．それらの演算も，任意の $U_1, U_2 \in \mathscr{O}_U$ に対して

$$f(U_1 \cup U_2) = f(U_1) \cup f(U_2), \quad f(U_1 \cap U_2) = f(U_1) \cap f(U_2)$$

が成り立つという意味で保存されます．ここでのポイントは，上の 2 つの式で，右辺が V に含まれる開集合の族 $\mathscr{O}_V$ 上の演算になっているということです．双正則写像は，このような開集合の構造，つまり位相構造の間の同型をあたえています．

　共形写像は，角度を保つ写像になっています．例えば，直交する 2 つの曲線の像は直交する 2 つの曲線になります．$z \in \mathbb{C}$ を始点とする 2 つの微小なベクトルを

$$\alpha = (\alpha_1, \alpha_2) = \alpha_1 + i\alpha_2, \quad \beta = (\beta_1, \beta_2) = \beta_1 + i\beta_2$$

とします．これらの終点はそれぞれ $z + \alpha$, $z + \beta$ です．これらのなす角度 θ は

$$\cos\theta = \frac{\alpha_1\beta_1 + \alpha_2\beta_2}{\sqrt{(\alpha_1^2 + \alpha_2^2)(\beta_1^2 + \beta_2^2)}} = \frac{\mathrm{Re}\left(\alpha\overline{\beta}\right)}{|\alpha||\beta|}$$

と書けます．これらのベクトルの正則関数による像を $f_*(\alpha)$, $f_*(\beta)$ と書くと，α, β が無限小の極限で

$$f_*(\alpha) = f(z + \alpha) - f(z) = f'(z)\alpha, \quad f_*(\beta) = f(z + \beta) - f(z) = f'(z)\beta$$

となりますので，これらのなす角を $\widetilde{\theta}$ として，$f'(z) \neq 0$ ならば

$$\cos\widetilde{\theta} = \frac{\mathrm{Re}\left(f_*(\alpha)\overline{f_*(\beta)}\right)}{|f_*(\alpha)||f_*(\beta)|} = \frac{\mathrm{Re}\left(f'(z)\alpha\overline{f'(z)\beta}\right)}{|f'(z)\alpha||f'(z)\beta|} = \cos\theta$$

が成り立ちます．$f'(z) \neq 0$ が必要なことに注意してください．例えば，$f(z) = z^2$ のとき，$z = 0$ において直交する 2 つの無限小ベクトルは，f_* によって平行になってしまいます．

15話

メビウス変換

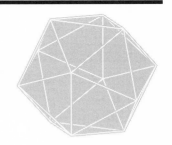

　双正則写像の基本的な例として，メビウス変換の話をします．メビウス変換は，有理関数による双正則写像のことで，数式上は扱いやすいです．メビウス変換を幾何学的に特徴づけるのは，複素平面の円を円に写すという性質です．直線は無限遠点を中心とする円とみなせるので，直線の像も円になります．特に，開円板と上半平面との間の双正則写像は，メビウス変換であたえられます．メビウス変換によって，円板上の問題を上半平面の言葉に翻訳すると，見通しがよくなることもしばしばあります．

　メビウス変換は以下のものからなります．

- 平行移動：a を複素パラメーターとして，$T_a : \mathbb{C} \to \mathbb{C}; z \mapsto z + a$
- 相似変換：a を複素パラメーターとして，$S_a : \mathbb{C} \to \mathbb{C}; z \mapsto az$
- 反転：$R : \mathbb{C} \setminus \{0\} \to \mathbb{C} \setminus \{0\}; z \mapsto 1/z$

これらを有限回合成してえられる複素平面上の写像を，メビウス変換といい，次のような形になります．

[定義] メビウス変換

a, b, c, d を $ad - bc \neq 0$ をみたす複素数とするとき，正則関数
$$f(z) = \frac{az + b}{cz + d}$$
によってさだめられる複素平面上の写像をメビウス変換という．

　メビウス変換 f に対して，$z \mapsto p$ のとき $|f(z)| \to \infty$ ならば，$f(p) = \infty$，$|z| \to \infty$ のとき $f(z) \to w$ ならば $f(\infty) = w$ と考えます．複素平面上に ∞ という点はありませんが，$\mathbb{C} \cup \{\infty\}$ という空間を考え，メビウス変換を $f : \mathbb{C} \cup \{\infty\} \to \mathbb{C} \cup \{\infty\}$ という写像だと考えます．一般に，複素関数が ∞ で連続，あるいは微分可能などという概念も定義できますが，そこまでしな

くても以下の議論はわかると思います.

メビウス変換の基本的な性質をおさえておきましょう.

メビウス変換の 3 点の像による特徴づけ

z_1, z_2, z_3 を $\mathbb{C} \cup \{\infty\}$ の任意の異なる 3 点, w_1, w_2, w_3 を $\mathbb{C} \cup \{\infty\}$ の任意の異なる 3 点とするとき, $k = 1, 2, 3$ に対して $f(z_k) = w_k$ となるようなメビウス変換が一意的に決まる.

[証明] $z_1, z_2, z_3, z_4 \in \mathbb{C}$ に対して, これらの複比を,

$$(z_1, z_2; z_3, z_4) = \frac{(z_3 - z_1)(z_4 - z_2)}{(z_3 - z_2)(z_4 - z_1)}$$

と定義します. z_1, z_2, z_3, z_4 のうち 1 つだけが ∞ のとき, それらの複比は, 極限によって定義されます. 例えば

$$(\infty, z_2; z_3, z_4) = \frac{z_4 - z_2}{z_3 - z_2}$$

などとします. メビウス変換 f が複比を保つこと, つまり

$$(f(z_1), f(z_2); f(z_3), f(z_4)) = (z_1, z_2; z_3, z_4)$$

が確かめられます. 簡単に確かめるには, 平行移動, 相似変換, 反転に対して, それぞれ複比が不変なことをみておけばよいです.

したがって, z_1, z_2, z_3 を $\mathbb{C} \cup \{\infty\}$ の異なる 3 点, w_1, w_2, w_3 を $\mathbb{C} \cup \{\infty\}$ の異なる 3 点とするとき, メビウス変換 f が $k = 1, 2, 3$ に対して $f(z_k) = w_k$ をみたすためには,

$$(w_1, w_2; w_3, f(z)) = (z_1, z_2; z_3, z)$$

が成り立つ必要があります. この式を $f(z)$ について代数的に解くと, $f(z)$ の形は一意的に決まり, f はメビウス変換でなければならないことがわかります. また, そのようにえられた f が, $k = 1, 2, 3$ に対して $f(z_k) = w_k$ をみたすことも確かめられます. ∎

メビウス変換による円の像

メビウス変換による, 複素平面の任意の円, または任意の直線の像は, 複素平面の円, または直線となる.

[証明] 平行移動と相似変換が円を円に写し，直線を直線に写すことは明らかです．反転について調べます．

複素平面の円の方程式は，$a \in \mathbb{C}, r > 0$ として，

$$|z - a| = r$$

です．$z = 1/w$ とすると，この方程式は $|a| \neq r$ のときに

$$\left| w - \frac{\overline{a}}{|a|^2 - r^2} \right| = \frac{r}{||a|^2 - r^2|}$$

となり，像が円に含まれていることを示しています．また，この式は $w = 1/z$ とおいて z について解くこともできるので，全射になっています．したがって，像は円となります．$|a| = r$ のときは，

$$aw + \overline{aw} = 1$$

であたえられる直線となります．

次に直線の像を調べます．直線は，$a \in \mathbb{C} \setminus \{0\}, b \in \mathbb{R}$ として，

$$az + \overline{az} = b$$

であたえられます．$z = 1/w$ とおくと，$b \neq 0$ ならば，原点を通る円の方程式

$$\left| w - \frac{a}{b} \right| = \frac{|a|}{|b|}$$

となります．$b = 0$ のときは，

$$\overline{a}z + a\overline{z} = 0$$

となり，原点を通る直線となります．先ほどと同様に，いずれの場合も全射です．　∎

複素平面の円 C が，メビウス変換によって円 C' に写るとき，C に囲まれた開円板は，C' に囲まれた開円板に写るか，C' の外側全体からなる領域に写るかのどちらかです．そこで，次のような問題を考えてみましょう．あるあたえられた開円板を別のあたえられた開円板に写すメビウス変換はどのようなものか，という問題です．あるいは，そのような双正則写像はメビウス変換の他にあるのか，という問題も考えられます．開円板の中心の位置や半径は，平行移動と相似変換によっていくらでも調節できるので，原点を中心とする単位開円板からそれ自身への双正則写像について調べてみましょう．

　複素平面のある円周を C とします. 具体的に, 中心を c, 半径を r としましょう. 複素平面の任意の点 p は, $p = c + \rho e^{i\theta}$ とあらわせます. それに対して, $q = c + (r^2/\rho)e^{i\theta}$ とあらわせる点は, p の C に関する鏡像だといいます. 別の書き方でいうと, p, q が $|z - c| = r$ であたえられる円に関して鏡像の関係にあるというのは,

$$(p - c)\overline{(q - c)} = r^2$$

をみたすことをいいます. 1 点が c に近づく極限をとって, c と ∞ も鏡像の関係にあるということにします. f がメビウス変換で, 円 C の f による像が円 C' のとき, p, q が C に関して鏡像の関係にあるなら, $f(p), f(q)$ は C' に関して鏡像の関係にあることが確かめられます.

　そこで, 複素平面の単位開円板 $B_{0,1}$ をそれ自身へ写すメビウス変換というものを, 差し当たり 1 つ見つけてみましょう. 自明なのは, 回転

$$S(z) = e^{i\theta} z$$

です. これは絶対値が 1 の複素数による相似変換のことです.

　もう少し込み入ったものも考えてみましょう. 例えばそれが, 0 を $a \neq 0$ に, a を 0 に写すものだったとしましょう. このとき, 0 の鏡像 ∞ は, a の鏡像 $1/\overline{a}$ に写るはずです. そのようなメビウス変換は,

$$g_a(z) = \frac{z - a}{\overline{a}z - 1}$$

となります. この式は, $a = 0$ でも有効です. $|z| = 1$ ならば $|g_a(z)| = 1$ ですので, 確かに単位円を単位円に写すものになっています. これが実際に単位開円板から自身への双正則写像となっていることをみておきましょう.

単位開円板に作用するメビウス変換

$a \in B_{0,1}$ のとき, メビウス変換

$$g_a(z) = \frac{z - a}{\overline{a}z - 1}$$

は, 単位開円板 $B_{0,1}$ からそれ自身への双正則写像をあたえる.

[証明] $a = 0$ のときは $g_0(z) = -z$ となり, 明らかなので, $a \neq 0$ とします. g_a は $\mathbb{C} \setminus \{1/\overline{a}\}$ 上の正則関数で, $1/\overline{a} \notin \overline{B_{0,1}}$ なので, $B_{0,1}$ に制限すると, 有界です. $|z| = 1$ のときに, $|g_a(z)| = 1$ ですので, 第 9 話の [最大値の原理] より,

$B_{0,1}$ 上で $|g_a(z)| < 1$ です. つまり, $g_a : B_{0,1} \to B_{0,1}$ となっています. これが全単射であることをみるには,

$$(g_a \circ g_a)(z) = g_a(g_a(z)) = z$$

であること, つまり2回続けて作用させると, 恒等写像になることに気がつけばよいです. これが可能なのは, g_a が $B_{0,1}$ からそれ自身への全単射の場合のみです. したがって, $g_a : B_{0,1} \to B_{0,1}$ は双正則写像です. ■

次は, メビウス変換の他に, 単位開円板から自身への双正則写像があるかどうかについてです.

単位開円板の自己同型

複素平面の単位開円板 $B_{0,1}$ から自身への双正則写像は, $\theta \in \mathbb{R}$, $a \in B_{0,1}$ として,

$$f(z) = e^{i\theta} \frac{z-a}{\overline{a}z - 1}$$

という形のものしかない.

[証明] $f : B_{0,1} \to B_{0,1}$ を双正則写像とします. 全射性から, $f(a) = 0$ となる点 $a \in B_{0,1}$ があります.

$$g_a(z) = \frac{z-a}{\overline{a}z - 1}$$

であたえられる $g_a : B_{0,1} \to B_{0,1}$ と f を合成することにより, 正則関数 $h : B_{0,1} \to B_{0,1}$ を

$$h(z) = f(g_a(z))$$

と定義します. すると, $h(0) = 0$ となります. $B_{0,1}$ のすべての点 z に対して $|h(z)| \le 1$ なので, 第9話の[シュヴァルツの補題]により,

$$|h'(0)| \le 1$$

が成り立ちます.

h は双正則写像なので, 逆写像 $h^{-1} : B_{0,1} \to B_{0,1}$ も正則関数となっています. $h(0) = 0$ から $h^{-1}(0) = 0$ がしたがうので, [シュヴァルツの補題]により,

$$|(h^{-1})'(0)| \le 1$$

が成り立ちます. 逆関数の微分係数は,

$$(h^{-1})'(h(0)) = \frac{1}{h'(0)}$$

ですので,

$$|h'(0)| = 1$$

とならなければなりません. ［シュヴァルツの補題］より, これが可能なのは

$$h(z) = e^{i\theta}z$$

の場合のみです. したがって,

$$f(z) = h(g_a^{-1}(z)) = e^{i\theta}\frac{z-a}{\bar{a}z-1}$$

となります. ∎

単位開円板上の自己双正則写像全体のなす集合について考えてみましょう. まず一般に, メビウス変換全体のなす集合が, 写像の合成に関して群をなすことを確かめておきましょう.

メビウス変換全体のなす集合を G とします. $f, g \in G$ を

$$f(z) = \frac{az+b}{cz+d}, \quad g(z) = \frac{pz+q}{rz+s}$$

とすると, これらの合成

$$(f \circ g)(z) = \frac{(ap+br)z+(aq+bs)}{(cp+dr)z+(cq+ds)} \tag{15.1}$$

は G の元となっています. $f, g, h \in G$ に対して,

$$(f \circ g) \circ h = f \circ (g \circ h)$$

が成り立つことは直接確かめられます. また, $e(z) = z$ であたえられる $e \in G$ に対して,

$$e \circ f = f \circ e = f$$

が成り立ちます. e を単位元として G はモノイドの構造をもつということになります. また, $f \in G$ に対して,

$$f^{-1}(z) = \frac{dz-b}{-cz+a}$$

であたえられる $f^{-1} \in G$ がとれて,

$$f^{-1} \circ f = f \circ f^{-1} = e$$

をみたしています. これらのことから G は群の構造をもちます.

　メビウス変換の合成の公式 (15.1) をみてもわかるように, メビウス変換に 2 次の複素正方行列を対応させることにより, 合成を行列の積としてあらわすことができます. 今, 2 次の複素正則行列全体のなす集合を,

$$GL_2(\mathbb{C}) = \left\{ \begin{pmatrix} a & b \\ c & d \end{pmatrix} \middle| a, b, c, d \in \mathbb{C}, ad - bc \neq 0 \right\}$$

と書きます. $GL_2(\mathbb{C})$ は, 行列の積に関して群の構造をもつことが確かめられます. 群としての $GL_2(\mathbb{C})$ を, 2 次の複素一般線型群といいます.

　メビウス変換 f に, $GL_2(\mathbb{C})$ の元を

$$f \mapsto \begin{pmatrix} a & b \\ c & d \end{pmatrix}$$

と対応させることを考えます. 問題なのは, この対応が多価になる点です. なぜかというと,

$$\frac{az + b}{cz + d} = \frac{2az + 2b}{2cz + 2d}$$

のように, メビウス変換の表示が一意的ではなく, 各パラメーターにゼロでない複素数を一斉にかける自由度があります. そこで, この自由度を用いて, メビウス変換 f のパラメーターに, $ad - bc = 1$ という条件を課すことができます. 2 次の複素正方行列で行列式が 1 となるもの全体も群の構造をもちます. これを

$$SL_2(\mathbb{C}) = \left\{ \begin{pmatrix} a & b \\ c & d \end{pmatrix} \middle| a, b, c, d \in \mathbb{C}, ad - bc = 1 \right\}$$

と書き, 2 次の複素特殊線型群といいます. $SL_2(\mathbb{C})$ は $GL_2(\mathbb{C})$ の部分集合で, 同じ演算に関して群となっているという意味で, $GL_2(\mathbb{C})$ のひとつの部分群だといいます.

　メビウス変換 f を, $ad - bc = 1$ と正規化したので, f に $SL_2(\mathbb{C})$ の元を対応させることができます. ただし,

$$f \mapsto \begin{pmatrix} a & b \\ c & d \end{pmatrix}$$

とする以外に,

$$f \mapsto \begin{pmatrix} -a & -b \\ -c & -d \end{pmatrix}$$

とするオプションもあります. どちらを選ぶのかは全く対等です. そこで, $A \in SL_2(\mathbb{C})$ と $-A \in SL_2(\mathbb{C})$ のペア $(A, -A)$ を考えることになります. このペアにはどちらが第1スロットにあるのかという区別はありません. つまり $(A, -A)$ と $(-A, A)$ は同じペアだとみなします. ペアの積を

$$(A, -A)(B, -B) = (AB, -AB)$$

とすることにより, $SL_2(\mathbb{C})$ の正負のペア全体は群の構造をもちます. この群を

$$SL_2(\mathbb{C})/\mathbb{Z}_2 = \{(A, -A) | A \in SL_2(\mathbb{C})\}$$

と書き, 2次の複素射影特殊線型群とよびます. ペア $(A, -A)$ のことを, $\pm A$ と書いてもよいです.

そうすると,

$$\phi : G \to SL_2(\mathbb{C})/\mathbb{Z}_2; f \mapsto \phi_f = \pm \begin{pmatrix} a & b \\ c & d \end{pmatrix},$$

という対応を作ることができ, 集合としての全単射をあたえています.

メビウス変換全体のなす群 G と, $SL_2(\mathbb{C})/\mathbb{Z}_2$ は集合として同じというだけではなく, 群の構造も同じです. それは, 任意の $f, g \in G$ に対して

$$\phi_f \circ \phi_g = \phi_{f \circ g}$$

が成り立つという意味で, 演算の構造が保存されているからです. G は $SL_2(\mathbb{C})/\mathbb{Z}_2$ と群同型だといういい方をし, $G \simeq SL_2(\mathbb{C})/\mathbb{Z}_2$ とあらわします.

単位開円板上から自身への双正則写像全体のなす集合を, $\mathrm{Aut}(B_{0,1})$ と書くことにしましょう. これは, G の部分群になっており, 単位開円板の自己同型群といいます. 「自己同型」というのは, 色々な数学の分野で使われる一般用語で, 今の場合は「自身への双正則写像」という意味です.

$\mathrm{Aut}(B_{0,1})$ の元は, メビウス変換

$$f(z) = e^{i\theta} \frac{z - a}{\bar{a}z - 1}$$

であらわされるのでした. 対応する $SL_2(\mathbb{C})/\mathbb{Z}_2$ の元は,

$$\phi_f = \pm \frac{1}{\sqrt{1 - |a|^2}} \begin{pmatrix} ie^{i\theta/2} & -iae^{i\theta/2} \\ i\bar{a}e^{-i\theta/2} & -ie^{-i\theta/2} \end{pmatrix}$$

となります. 少し見やすくするために,

$$\alpha = \frac{ie^{i\theta/2}}{\sqrt{1-|a|^2}}, \quad \beta = -\frac{iae^{i\theta/2}}{\sqrt{1-|a|^2}}$$

とします. α, β は,

$$|\alpha|^2 - |\beta|^2 = 1$$

をみたす複素数の組になります. これを用いると,

$$\phi_f = \pm \begin{pmatrix} \alpha & \beta \\ \overline{\beta} & \overline{\alpha} \end{pmatrix}$$

と書けます. このような形に書ける元全体のなす群が, $\mathrm{Aut}(B_{0,1})$ と同型になっており, 以下でみるように, 群の分類上は $SU_{1,1}/\mathbb{Z}_2$ と書かれるものになっています.

そのことについて, 少し説明しておきましょう. 正方行列 η を,

$$\eta = \begin{pmatrix} 1 & 0 \\ 0 & -1 \end{pmatrix}$$

とします. これを,

$$SU_{1,1} = \left\{ A \in SL_2(\mathbb{C}) \Big| A\eta A^\dagger = \eta \right\},$$

という意味で不変にする群 $SU_{1,1}$ を, 複素特殊ローレンツ群といいます. ただし, $A^\dagger$ は複素正方行列 A に転置と複素共役を作用させたものをあらわします. すると,

$$SU_{1,1} = \left\{ \begin{pmatrix} \alpha & \beta \\ \overline{\beta} & \overline{\alpha} \end{pmatrix} \Big| \alpha, \beta \in \mathbb{C}, |\alpha|^2 - |\beta|^2 = 1 \right\}$$

となっています. したがって,

$$\mathrm{Aut}(B_{0,1}) \simeq SU_{1,1}/\mathbb{Z}_2 := \{\pm A | A \in SU_{1,1}\}$$

と書けます. 単位開円板の自己同型群は, $SU_{1,1}/\mathbb{Z}_2$ で, 複素射影特殊ローレンツ群とよばれるものになります.

単位開円板の自己同型について, 完全に把握することができました. もし, 開集合 U から単位開円板への双正則写像 $F : U \to B_{0,1}$ が 1 つでも見つかれば, U から $B_{0,1}$ への双正則写像について, すべて知ることができます. なぜなら, そのようなものは, ある $g \in \mathrm{Aut}(B_{0,1})$ を用いて $g \circ F$ と書けるものしかない

からです. このことを理解するには, $\widetilde{F} : U \to B_{0,1}$ がもう 1 つの双正則写像な
ら, $\widetilde{F} \circ F^{-1} : B_{0,1} \to B_{0,1}$ が $B_{0,1}$ の自己同型だということに注意すればよい
です.

　あるいは, 双正則写像 $F : U \to B_{0,1}$ が 1 つ見つかれば, U の自己同型は, あ
る $g \in \mathrm{Aut}(B_{0,1})$ を用いて $F^{-1} \circ g \circ F$ と書けるものしかないこともわかりま
す. $F^{-1} \circ g \circ F$ と g は 1 対 1 に対応しており,

$$(F^{-1} \circ g \circ F) \circ (F^{-1} \circ g' \circ F) = F^{-1} \circ (g \circ g') \circ F$$

が成り立つという意味で, 写像の合成に関する演算の構造も同じです. U の自
己同型群 $\mathrm{Aut}(U)$ が $\mathrm{Aut}(B_{0,1})$ と群として同型だという意味になります.

　単位開円板への双正則写像が見つかる開集合の例を 1 つあげておくと, 上半
平面

$$H_+ = \{z \in \mathbb{C} | \mathrm{Im}\,(z) > 0\}$$

がよく引き合いにだされます. 例えば H_+ から $B_{0,1}$ への双正則写像

$$F : H_+ \to B_{0,1}; z \mapsto \frac{z-i}{z+i}$$

があります. これは, 3 点 $0, 1, \infty$ をそれぞれ, 単位円周上の $-1, -i, 1$ に写すメ
ビウス変換ですので, 特に, H_+ の自己同型がすべてメビウス変換であらわせる
ことがわかります.

　この話の残りは, メビウス変換の応用として, 電磁気学の問題を考えてみま
しょう. 無限に長い円筒状の導体に囲まれた, 真空領域における静電ポテンシャ
ルを構成する問題です. 導体に囲まれた真空領域は, xy-平面の半径 R の開円板

$$B = \left\{ (x,y) \in \mathbb{R}^2 \,\middle|\, x^2 + y^2 < R^2 \right\}$$

であらわせるとします. 静電ポテンシャル u は x, y の 2 変数実関数で, ラプラ
ス方程式

$$\frac{\partial^2 u}{\partial x^2} + \frac{\partial^2 u}{\partial y^2} = 0$$

をみたし, 境界条件

$$u(x,y) = 0 \quad (x^2 + y^2 = R^2)$$

をみたすものです. ただし, B 上で u が有界だとすると, $u = 0$ しか解がなく
なってしまうので, 特異性があってもよいとしましょう. そのような状況は, 特

異点に電荷分布があることに対応します.

簡単に見つかる解は,

$$u = -\frac{\lambda}{2\pi\epsilon_0} \log \frac{\sqrt{x^2 + y^2}}{R}$$

というものです. 原点に特異性があり, 物理的には円筒導体の中心軸に線密度 λ で一様に電荷が分布している状況をあらわしています. ϵ_0 は真空の誘電率, ないし単に電気定数とよばれる自然定数です.

xy-平面を複素平面と同一視し, コーシー・リーマンの関係式を解くことにより, u を実部にもつ正則関数を見つけましょう. 今の場合は,

$$\Phi(z) = -\frac{\lambda}{2\pi\epsilon_0} \log \frac{z}{R}$$

と簡単に見つかります. これを B 上の複素ポテンシャルとよぶことにしましょう. 次に, $B_{0,1}$ と $B = \{z \in \mathbb{C} | |z| < R\}$ の間の双正則写像を1つ見つけます. それは

$$F : B_{0,1} \to B; z \mapsto Rz, \quad F^{-1} : B \to B_{0,1}; z \mapsto \frac{z}{R}$$

という相似変換で間に合います. すると, $\Phi \circ F$ は $B_{0,1}$ 上の複素ポテンシャルになっています. つまり, 実部が境界で0となる調和関数です. $\Phi \circ F$ は $B_{0,1}$ 全体で定義された正則関数ではありませんが, 気にする必要はないです.

$B_{0,1}$ の自己同型は, $B_{0,1}$ 上の正則関数に作用します. そこで, $0 \leq a < 1$ として

$$g(z) = \frac{z - a}{az - 1}$$

であたえられる $B_{0,1}$ の自己同型 g を $\Phi \circ F$ に作用させてみましょう. すると $B_{0,1}$ 上の新しい複素ポテンシャル $\Phi \circ F \circ g$ がえられます. 実部が境界で0だという性質はこの操作で保たれるというのがポイントです.

最後に, F^{-1} によって B 上の複素ポテンシャルに引き戻しておきます. これらの一連の操作の結果は,

$$\widetilde{\Phi}(z) = (\Phi \circ F \circ g \circ F^{-1})(z) = -\frac{\lambda}{2\pi\epsilon_0} \log \left[\frac{z - Ra}{az - R} \right]$$

と計算できます. 実部は,

$$\widetilde{u} = -\frac{\lambda}{2\pi\epsilon_0} \log \sqrt{\frac{(x - Ra)^2 + y^2}{(ax - R)^2 + a^2 y^2}}$$

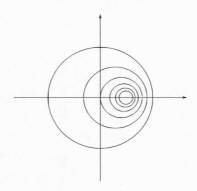

図 15.1 中心軸からずれた位置に分布する直線電荷の作る,円筒内の静電場の等電位面.

となり, B 上の新しい静電ポテンシャルが生成されたことになります.これは,$(x, y) = (Ra, 0)$ に線密度 λ で一様に分布した直線電荷の作る電場をあたえます (図 15.1).[メビウス変換による円の像] より,等電位面は幾何学的な円筒になります.

16話

リーマンの写像定理

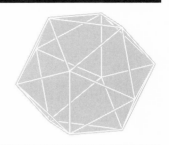

　リーマンの写像定理というのは，連結で単連結な，$\mathbb{C}$ 以外の任意の開集合から，単位開円板への双正則写像が存在するという主張です．今回はそのことについて議論していきたいと思います．この主張が正しいと思えるような直感的な議論は次のようなものです．

　簡単のために U を有界な単連結領域，つまり単連結で連結な開集合とします．U の点 c をとり，$z \in U^r$ 上で

$$u = -\log|z - c|$$

という境界条件をみたす調和関数 u を見つけることができるでしょう．境界 U^r 上に電位をあたえたときに，囲まれた領域 U 内の静電ポテンシャルがどのような配位になるかという問題です．そのような u が存在すると考えるのはもっともらしいです．

　コーシー・リーマンの関係式を解くことにより，u を実部にもつような U 上の正則関数 $g = u + iv$ が構成できるでしょう．その g を用いて，

$$f(z) = (z - c)e^{g(z)}$$

という形の正則関数を考えます．f の定義域を拡張して，$\overline{U}$ 上の連続関数にできるでしょう．

　連続関数 f は，$z \in U^r$ 上で

$$|f(z)| = |z - c|e^u = 1$$

となります．f は U の境界を単位円に写すのですから，$f(U)$ はその単位円の内側の単位開円板，そうでなければ単位円の外側の領域となるでしょう．$f(c) = 0$ ということを考え合わせると，U は f によって単位開円板に写されるはずです．

　以上が，写像定理の主張が正しそうだという推論です．ただし，f が全単射か

どうかという議論もありますし, 少なくとも「証明」ではありません.

　リーマンの写像定理をきちんと示すための道具は, 実はほとんどすべて揃っていて, あとはそれらをつなぎ合わせるだけです. 1つだけ足りないので, ここであたえておきます.

フルヴィッツの定理

開集合 U 上の単葉な正則関数の列 $\{f_n\}_{n \in \mathbb{N}}$ が $f : U \to \mathbb{C}$ に広義一様収束するなら, f は定数関数であるか, 単葉な正則関数である.

[証明] 開集合 U 上の単葉な正則関数の列 $\{f_n\}_{n \in \mathbb{N}}$ が広義一様収束するとすれば, 第13話の [正則関数の広義一様収束列] より, 極限の関数 f は正則関数です. 正則関数 f は, 定数関数でも単葉でもないとしましょう.

　このとき U の異なる2点 z_1, z_2 がとれて, $f(z_1) = f(z_2) = w$ となります. f の w-点, つまり $f - w$ のゼロ点は孤立点ですので, z_1 を中心とする小さな開円板 B_1 がとれて, 境界 B_1^r 上には f の w-点がないようにできます. 同様に, z_2 を中心とする開円板 B_2 で, B_2^r 上に f の w-点がないようなものをとります. ただし, これらは $\overline{B_1} \subset U$, $\overline{B_2} \subset U$, $\overline{B_1} \cap \overline{B_2} = \emptyset$ をみたすようにしておきます.

　$B_1^r \cup B_2^r$ はコンパクト集合なので, 第3話の [極値定理] より連続関数 $|f - w|$ は最小値 $\epsilon > 0$ をもちます. また, 関数列 $\{f_n\}_{n \in \mathbb{N}}$ は広義一様収束するので, 自然数 N がとれて, $n \geq N$ ならば, $B_1^r \cup B_2^r$ 上で $|f_n - f| < \epsilon$ が成り立つようにできます. このとき,

$$|f_n - f| < |f - w|$$

が $B_1^r \cup B_2^r$ 上で成り立ちます. この不等式を

$$|(f - w) - (f_n - w)| < |f - w|$$

と読んで, 第14話の [ルーシェの定理] を適用します. すると, 2つの正則関数 $f - w$ と $f_n - w$ は, 開円板 B_1, B_2 のそれぞれの上で, 位数をこめて同じ個数のゼロ点をもつことがわかります. $f - w$ は B_1, B_2 のそれぞれに1つずつゼロ点をもちますので, $f_n - w$ も1つずつもちます. f_n は U 上で単葉なので, こうなるのは不合理です. ■

　道具がすべて揃ったところで, 単連結領域から開円板への双正則写像が存在するかどうかという問題について, いくつかの段階を踏みながらみていきましょ

う. まず, なぜ単連結領域を考えるのかということについてです.

1つには, 双正則写像によって, 単連結性が保たれるということがあります. 複素平面の部分集合 A が単連結だというのは第8話で議論したように, A 内の任意のループが, A 内のホモトピーによって定値写像にできることでした.

開集合 U から単位開円板 $B_{0,1}$ への双正則写像 $f : U \to B_{0,1}$ があったとします. 逆写像 $f^{-1} : B_{0,1} \to U$ は正則で, 特に連続写像となっています. $\gamma : [a,b] \to B_{0,1}$ を $B_{0,1}$ 内の任意の閉曲線とすると, 定値写像へのホモトピー

$$g : [0,1] \times [a,b] \to B_{0,1} ; (s,t) \mapsto \gamma_s(t)$$

があります. U 内の任意の閉曲線 $\Gamma : [a,b] \to U$ に対して $B_{0,1}$ 内の閉曲線 $\gamma : [a,b] \to U$ があって,

$$\Gamma = f^{-1} \circ \gamma$$

と書けるので,

$$\Gamma_s(t) = f^{-1}(\gamma_s(t))$$

によって U 内のホモトピーが誘導され, これは Γ の定値写像への連続変形をあたえているので, U は単連結ということになります.

もう1つには, 双正則写像で連結性が保たれるという事情があります. U が連結でないとすれば,

$$U = U_1 \cup U_2, \quad U_1 \cap U_2 = \emptyset$$

と, 空ではない開集合 U_1, U_2 に分割できることになります. f は全単射なので, 単位開円板も

$$B_{0,1} = f(U_1) \cup f(U_2), \quad f(U_1) \cap f(U_2) = \emptyset$$

と分割できることになります. f は正則なので, 第14話の［開写像定理］より $f(U_1), f(U_2)$ は開集合です. すると, 単位開円板の連結性に抵触してしまいますので, U は連結でなければなりません.

最初に, 複素平面全体ではない任意の単連結領域は, 双正則写像によって有界な単連結領域に写すことができることをみておきましょう. なお, 複素平面全体から有界領域への双正則写像は, 第9話の［リューヴィユの定理］により存在しません.

単連結領域から有界領域への双正則写像

連結で単連結な開集合は, $\mathbb{C}$ の真部分集合であるとすれば, 双正則写像によって有界な開集合の上に写すことができる.

[証明] $U \neq \mathbb{C}$ を単連結領域とします. 必要なら平行移動をほどこすことによって, $0 \notin U$ と仮定してよいです. すると, $1/z$ は U 上で正則な関数となります. $a \in U$ を 1 つ固定し, U 上における対数関数 $\log_U$ を

$$\log_U z = \int_a^z \frac{1}{\zeta} d\zeta$$

と定義します. ただし, 積分路は a を始点とし, $z \in U$ を終点とする区分的になめらかな曲線です. U が連結なため, そのような積分路はいつでもとれ, U の単連結性により, 積分はそのような積分路のとり方によらずうまく定義できています.

構成方法からわかるように, $\log_U$ は通常の対数関数 $\log$ とは定数だけ異なるだけです. 特に $ae^{\log_U z} = z$ は U 上の恒等写像なので, $\log_U$ は単射で, U と $\log_U U$ の間の双正則写像となっています.

$\log_U$ が単射であることから, 任意の $z \in U$ に対して正数 δ がとれて, $\log_U z + 2\pi i$ を中心とする半径 δ の開円板上には, $\log_U$ の像がないようにできます. 理由は以下のとおりです. もしそのような δ がとれないとすると, それは U 上の点列 $\{p_k\}_{k \in \mathbb{N}}$ で,

$$\log_U p_k \to \log_U z + 2\pi i \quad (k \to \infty) \tag{16.1}$$

となるようなものがとれることを意味します. 指数関数の連続性から,

$$e^{\log_U p_k} \to e^{\log_U z + 2\pi i} \quad (k \to \infty)$$

となります. これは

$$p_k \to z \quad (k \to \infty)$$

を意味します. そうすると, 今度は $\log_U$ の連続性から,

$$\log_U p_k \to \log_U z \quad (k \to \infty)$$

が導けることになります. これは (16.1) と両立しないので, 不合理というわけです.

そこで, U の点 c と正数 δ をとり, $\log_U c + 2\pi i$ の δ-近傍には $\log_U$ の像がないとします. 正則関数を

$$f(z) = \frac{1}{\log_U z - \log_U c - 2\pi i}$$

によって定義すると, すべての $z \in U$ に対して $|f(z)| < 1/\delta$ なので, f は U 上の有界な正則関数です. この f は $\log_U$ とメビウス変換との合成なので, 双正則写像です.

このことから, 有界な単連結領域から単位開円板への双正則写像についてのみ, 考えればよいことになります.

リーマンの写像定理

連結で単連結な開集合は, $\mathbb{C}$ の真部分集合であるとすれば, 双正則写像によって単位開円板の上に写すことができる.

[証明] $U \neq \mathbb{C}$ を単連結領域とします. 先ほどの［単連結領域から有界領域への双正則写像］より, U は有界としてよいです. U の点 c を1つとり, U 上の単葉な正則関数で, $g(c) = 0$ をみたし, すべての $z \in U$ に対して $|g(z)| < 1$ であるような g 全体からなる関数の族を $\mathscr{F}$ とします.

正数 r がとれて, $B_{c,r} \subset U$ となるようにできます. $g \in \mathscr{F}$ とすると, $B_{c,r}$ 上で $|g(z)| < 1$ ですので, 第9話の［シュヴァルツの補題］より,

$$|g'(c)| \leq \frac{1}{r}$$

が成り立ちます. したがって,

$$M = \sup_{g \in \mathscr{F}} |g'(c)|$$

とおくことができます. U が有界なことから, ある正数 R がとれて, $U \subset B_{0,R}$ が成り立つようにできます. $z \mapsto (z - c)/R$ は $\mathscr{F}$ のメンバーとなっているので, $M \geq 1/R$ が成り立ちます.

上限の定義から, $\mathscr{F}$ の関数列 $\{f_n\}_{n \in \mathbb{N}}$ で,

$$\lim_{n \to \infty} |f_n'(c)| = M$$

となるものがとれます. この関数列は一様有界なので, 第13話の［モンテルの定理］により, U 上で広義一様収束する部分列 $\{f_{\sigma(n)}\}_{n \in \mathbb{N}}$ をもちます. そこで, 極限の関数を f とおきます. 第13話の［正則関数の広義一様収束列］より, f

は正則で, $\{f'_{\sigma(n)}\}_{n\in\mathbb{N}}$ は f' に広義一様収束します. このことから,

$$f(c) = 0, \quad f'(c) = M$$

が成り立っています. $z \in U$ に対して $|f(z)| \leq 1$ となっていますが, 第9話 の [最大値の原理] から, 等号が成り立つことはありません. したがって,

$$|f(z)| < 1$$

となっています. また [フルヴィッツの定理] により, f は単葉な正則関数なので, $\mathscr{F}$ に属していることがわかります.

この極限の関数 f が, U から $B_{0,1}$ への双正則写像をあたえていることをみてみましょう. そのためには, f の像 $V := f(U)$ が $B_{0,1}$ と一致することをみれば十分です. そこで, $V \neq B_{0,1}$ としてみましょう. V は $B_{0,1}$ に含まれる開集合ですので, $B_{0,1} \setminus V$ の点 a がとれます. $0 \in V$ ですので, $a \neq 0$ です.

$B_{0,1}$ の自己同型 g を,

$$g(z) = \frac{z - a}{\bar{a}z - 1}$$

によって1つとります. これによって, a は原点 0 に写されるので, 0 は $W := g(V)$ には属していません. また, $g(0) = a$ となっています.

$0 \notin W$ なので, W 上の対数関数を,

$$\log_W z = \int_a^z \frac{1}{\zeta} d\zeta$$

によって定義できます. 積分路は, a と z を結ぶ, 区分的になめらかな W 内の曲線で, W が単連結なため, 積分路のとり方によらず, うまく定義されています. これを用いて, W 上の平方根関数 $\sqrt{}_W$ を,

$$\sqrt{}_W(z) = e^{\frac{1}{2}\log_W z}$$

と定義すると, $\sqrt{}_W$ は単射で, $\sqrt{}_W$ による W の像は $B_{0,1}$ に含まれています.

平方根関数 $\sqrt{}_W$ によって, $g(0) = a$ が $b = \sqrt{}_W(a)$ に写されたとして, $B_{0,1}$ の自己同型 h を

$$h(z) = \frac{z - b}{\bar{b}z - 1}$$

と定義します. 自己同型 h は, b を原点 0 に写します.

そこで, これらをすべて合成して

$$F = h \circ \sqrt{\ }_W \circ g \circ f : U \to B_{0,1}$$

とすると, F は単葉な正則関数で,

$$F(c) = 0, \quad F(U) \subset B_{0,1}$$

をみたしますので, $\mathscr{F}$ に属していることがわかります. ところが, c における微分係数を計算してみると,

$$F'(c) = h'(b) \sqrt{\ }_W'(a) g'(0) f'(c) = \frac{1}{|b|^2 - 1} \frac{e^{\frac{1}{2} \log_W a}}{2a} (|a|^2 - 1) M$$

ですので, 絶対値をとると

$$|F'(c)| = \frac{|a| + 1}{2\sqrt{|a|}} M > M$$

となります. M は $c \in U$ における微分係数の絶対値の上限でしたので, 不合理です. したがって $f : U \to B_{0,1}$ は全射で, 双正則写像となります. ∎

$\mathbb{C}$ ではない任意の単連結領域 U から単位開円板への双正則写像が存在することがわかりました. 上の議論から, そのようなものとしては, U の任意の点 c に対して, c を単位開円板の中心に写すものがとれます. 第15話の［単位開円板の自己同型］より, 中心を固定するような単位開円板の自己同型は回転しかありませんので, そのような双正則写像は回転を除いて一意的だということもわかります. あるいは, 回転は $\arg f'(c)$ を自由に変えることができますので, $f(c) = 0$, $\arg f'(c) = \theta + 2\pi\mathbb{Z}$ という条件のもとで, 双正則写像 $f : U \to B_{0,1}$ が一意的にさだまるといってもよいです.

開集合 U から開集合 V への双正則写像 $f : U \to V$ があるとき, U と V は双正則同値だといいます. 双正則同値は, $\mathbb{C}$ の開部分集合族の同値関係になっていることは簡単に確かめられます. つまり, U と V が双正則同値であることを $U \sim V$ であらわすと,

- $U \sim U$

- $U \sim V$ ならば $V \sim U$

- $U \sim V$ かつ $V \sim W$ ならば $U \sim W$

が成り立ちます. $\mathbb{C}$ ではない単連結領域はすべて双正則同値だということになります.

17話

シュヴァルツ・クリストッフェル変換

第16話の［リーマンの写像定理］より，$\mathbb{C}$ ではない任意の単連結領域 U から，開円板 $B_{0,1}$ への双正則写像があります．そのような双正則写像 $f : U \to B_{0,1}$ が見つかると，例えば $B_{0,1}$ 上の静電ポテンシャル u を実部にもつような複素ポテンシャル Φ から，$f \circ \Phi$ によって U 上の複素ポテンシャルを構成することができます．ただし，そのような双正則写像を具体的に求めることは，一般には難しいです．

U が多角形に囲まれた領域の場合は，f はシュヴァルツ・クリストッフェル積分とよばれる形であたえられることが知られています．この話では，そのことについてみていきます．

複素平面上の自己交差のない閉曲線をジョルダン曲線といい，有限個の線分からなるジョルダン曲線のことを多角形とよぶことにします．それが n 個の線分からなるときは，n 角形とよぶこともあります．多角形に囲まれた内側の領域のことは，多角形領域とよびます．

複素平面の多角形領域 P に対して，リーマンの写像定理から，単位開円板 $B_{0,1}$ から P への双正則写像 $f : B_{0,1} \to P$ がいつでもとれます．少し気になるのは，f が開円板の境界の円周から P の境界の多角形への連続写像に拡張できるかどうかということです．円周の点 a をとったとき，開円板上の点列 $\{a_k\}_{k \in \mathbb{N}}$ で a に収束するものをとれば，点列の像 $\{f(a_k)\}_{k \in \mathbb{N}}$ は P の境界の点に収束するので，その点を $f(a)$ とすればよさそうです．このとき，点列のとり方によらずに $f(a)$ が定義できているかどうかが心配になってきます．双正則写像に関するカラテオドリの定理は，その心配がいらないことを保証してくれます．証明ぬきに認めることにします．

カラテオドリの定理

単位開円板 $B_{0,1}$ から,ジョルダン曲線に囲まれた領域 U への双正則写像 f があったとき,f は連続な全単射 $f : \overline{B_{0,1}} \to \overline{U}$ に拡張できる.

なお,カラテオドリの定理によって定義域を拡張してできる全単射連続写像 f の逆写像 $f^{-1} : \overline{U} \to \overline{B_{0,1}}$ も連続になっています.

上半平面と開円板はメビウス変換でつながっているので,上半平面から多角形領域への双正則写像があたえられればよいことになります.上半平面の境界は実軸 $\mathbb{R}$ です.上半平面から多角形領域への双正則写像は,$\mathbb{R} \cup \{\infty\}$ が多角形に全単射で写るような連続写像へと拡張されます.

上半平面上のシュヴァルツ・クリストッフェル変換

複素平面の n 角形は頂点 $v_1, \ldots, v_n$ をこの順に反時計回りにたどってえられ,それぞれの頂点における内角は $\pi\alpha_1, \ldots, \pi\alpha_n$ となっている.複素平面の上半平面 H_+ からこの n 角形の多角形領域 P への双正則写像の定義域を $\overline{H_+} \cup \{\infty\}$ に拡張した連続写像を f とし,実軸上の点 $x_1 < x_2 < \cdots < x_n$ の f による像が $v_1, v_2, \ldots, v_n$ になっているとする (図 17.1).このとき,f は定数 A, C を用いて

$$f(z) = A + C \int_0^z \prod_{k=1}^n (\zeta - x_k)^{\alpha_k - 1} d\zeta$$

という形に書ける.ただし,積分路は 0 と z を結ぶ,$\overline{H_+}$ 内の区分的になめらかな曲線にとる.

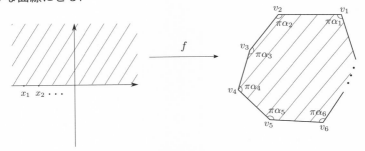

図 **17.1** 上半平面から多角形への双正則写像.

[**証明**] 実軸上の点 $p \in \mathbb{R} \setminus \{x_1, \ldots, x_n\}$ を任意にとります.p を中心とする開円

板 B_p がとれて, $B_p \cap \{x_1, \ldots, x_n\} = \emptyset$ とできます. f は実軸上の線分 $B_p \cap \mathbb{R}$ を多角形の 1 つの辺の一部 $I_p := f(B_p \cap \mathbb{R}) \subset P^r$ に写すので, ある複素数 c がとれて, $x \in B_p \cap \mathbb{R}$ における $\arg(f(x) - c)$ は $B_p \cap \mathbb{R}$ 上一定値をとります. このことから, 第 12 話の [シュヴァルツの鏡像原理] を用いて, f は B_p 上の正則関数に拡張できることがわかります. このとき f' も B_p 上の正則関数に拡張されます. $x \in B_p \cap \mathbb{R}$ における偏角 $\arg f'(x)$ は, それが I_p の傾きになっていることに注意すると, $B_p \cap \mathbb{R}$ 上で一定値をとることがわかります.

一方, $\mathbb{C} \setminus \{iy \in \mathbb{C}|y \leq 0\}$ 上の対数関数を,

$$\log(\rho e^{i\theta}) = \log \rho + i\theta \qquad \left(-\frac{\pi}{2} < \theta < \frac{3}{2}\pi\right)$$

とし, 各 $k = 1, \ldots, n$ と実数 α に対して $\mathbb{C} \setminus \{x_k + iy \in \mathbb{C}|y \leq 0\}$ 上の正則関数 $z \mapsto (z - x_k)^\alpha$ を

$$(z - x_k)^\alpha = e^{\alpha \log(z - x_k)}$$

のように定義しておきます. $\alpha > 0$ の場合は, $(x_k - x_k)^\alpha = 0$ とすることにより $\mathbb{C} \setminus \{x_k + iy \in \mathbb{C}|y < 0\}$ 上の連続関数に拡張できます.

$x \in B_p \cap \mathbb{R}$ に対して $\arg(x - x_k)^{\alpha_k - 1}$ は, $x > x_k$ か $x < x_k$ かに応じてそれぞれ 0 または $\pi(\alpha_k - 1)$ の値をとります. いずれの場合も $B_p \cap \mathbb{R}$ 上で一定値をとります. ここで,

$$g(z) = f'(z) \prod_{k=1}^{n} (z - x_k)^{1 - \alpha_k}$$

によって, 正則関数 $g : B_p \cap H_+ \to \mathbb{C}$ を定義します. g は $B_p \cap \overline{H}_+$ 上の連続関数に拡張でき, $x \in B_p \cap \mathbb{R}$ における偏角

$$\arg g(x) = \arg f'(x) + \sum_{k=1}^{n} \arg(x - x_k)^{1 - \alpha_k}$$

は, 以上の考察から $B_p \cap \mathbb{R}$ 上で一定値となります.

次に, 実軸上の点 x_l を中心とする開円板 B_l を, $B_l \cap \{x_1, \ldots, x_n\} = x_l$ となるようにとります. v_l の属する開集合 V_l があって, f によって $B_l \cap \overline{H}_+$ は $V_l \cap \overline{P}$ に写されます. $V_l \cap P^r$ は節点 v_l をもつ折れ線です. $V_l \cap \overline{P}$ 上で, 連続関数

$$F_l(z) = [e^{i\theta_l}(z - v_l)]^{1/\alpha_l}$$

を考えます. ただし,

$$0 \le \arg e^{i\theta_l}(z - v_l) \le \pi\alpha_l$$

となるように位相因子 $e^{i\theta_l}$ を選んでおきます. $V_l \cap P^r$ の F_l による像は, $F_l(v_l) = 0$ を通る実軸上の線分です. これらを合成してできる $B_l \cap \overline{H}_+$ 上の連続関数 $G_l = F_l \circ f$ は, x_l を通る実軸上の線分 $B_l \cap \mathbb{R}$ を線分に写すので, 第12話の［シュヴァルツの鏡像原理］により, B_l 上の単葉な正則関数に拡張できます. 特に G_l は x_l において正則で, $G_l(x_l) = 0$, $G_l'(x_l) \ne 0$ をみたしますので, x_l にゼロ点をもたない B_l 上の正則関数 H_l を用いて,

$$G_l(z) = [e^{i\theta_l}(f(z) - v_l)]^{1/\alpha_l} = (z - x_l)H_l(z) \tag{17.1}$$

と書くことができます. 両辺を α_l 乗したいのですが, $H_l(z)^{\alpha_l}$ が B_l 上で定義できる保証が今のところありません. しかし $H_l(x_l) \ne 0$ なので, 位相因子 $e^{i\phi_l}$ をうまく選び, かつ B_l をあらかじめ小さくとっておけば,

$$\left\{ e^{i\phi_l}H_l(z) \in \mathbb{C} \,\middle|\, z \in B_l \right\} \cap \{iy \in \mathbb{C} | y \le 0\} = \emptyset$$

が成り立ち, したがって $[e^{i\phi_l}H_l(z)]^{\alpha_l}$ が定義できます. 式 (17.1) の両辺を α_l 乗して,

$$e^{i\theta_l}(f(z) - v_l) = (z - x_l)^{\alpha_l} e^{-i\alpha_l\phi_l}[e^{i\phi_l}H_l(z)]^{\alpha_l}$$

となります. このことから, $B_l \cap H_+$ 上の正則関数

$$h_l(z) = (f(z) - v_l)(z - x_l)^{-\alpha_l}$$

は B_l 上の正則関数に拡張でき, 具体的には,

$$h_l(z) = e^{-i(\theta_l + \alpha_l\phi_l)}[e^{i\phi_l}H_l(z)]^{\alpha_l}$$

であたえられることがわかります. 微分することにより, $B_l \cap H_+$ 上の正則関数

$$g_l(z) = f'(z)(z - x_l)^{1-\alpha_l}$$

は, B_l 上の正則関数に拡張でき,

$$g_l(z) = (z - x_l)h_l'(z) + \alpha_l h_l(z)$$

であたえられることがわかります. $k \ne l$ に対して, $z \mapsto (z - x_k)^{1-\alpha_k}$ は, B_l 上でもともと正則ですから,

$$g(z) = f'(z) \prod_{k=1}^{n} (z - x_k)^{1-\alpha_k}$$

は B_l 上で正則だということがわかります. また, $x \in B_k \cap \mathbb{R}$ に対して $\arg g(x)$ は一定値だということもわかります.

　以上より, 正則関数 $g : H_+ \to \mathbb{C}$ は, 特に $\overline{H}_+$ 上で連続で, 実軸上では一定値をとることがわかりました. その一定値を C とすると, $z \to \infty$ で $g \to C$ でなければならないことになり, g は有界だとわかります. シュヴァルツの鏡像原理より, g は $\mathbb{C}$ 上の有界な正則関数に拡張できますので, 第9話の [リューヴィユの定理] により定数でなければならず, H_+ 上で

$$g(z) = f'(z) \prod_{k=1}^{n} (z - x_k)^{1-\alpha_k} = C$$

でなければなりません. これから,

$$f(z) = A + C \int_0^z \prod_{k=1}^{n} (\zeta - x_k)^{\alpha_k - 1} d\zeta$$

がしたがいます. ∎

　上半平面から多角形領域への双正則写像をシュヴァルツ・クリストッフェル変換といい, その形はシュヴァルツ・クリストッフェル積分, すなわち, 上の定理であたえられた形をしています. ただし, すべてのシュヴァルツ・クリストッフェル積分が上半平面から多角形領域への双正則写像をあたえているわけではありません.

　あたえられた多角形に対するシュヴァルツ・クリストッフェル積分のパラメーター $x_1, \ldots, x_n$ を決定するのは簡単ではなく, 計算機を用いて近似的に求めるしかないでしょう.

　上半平面から多角形領域へのシュヴァルツ・クリストッフェル変換 $f : H_+ \to P$ がわかったので, メビウス変換と合成することにより, 単位開円板上のシュヴァルツ・クリストッフェル変換がえられます. 第15話で話したように, 上半平面 H_+ と単位開円板 $B_{0,1}$ の間の双正則写像はメビウス変換となり, その1つは

$$F : H_+ \to B_{0,1} ; z \mapsto w = F(z) = \frac{z - i}{z + i}$$

であたえられます. そこで シュヴァルツ・クリストッフェル積分を, P 上の線積分としてあらわしてみましょう.

　F は $\overline{H}_+$ 上の連続関数に拡張され, 実軸上の点 $x_1, \ldots, x_n$ は, それぞれ単位

円周上の点

$$y_k = \frac{x_k - i}{x_k + i}$$

に写されます. $\eta = F(\zeta)$ を ζ について解くと,

$$\zeta = i\frac{1 + \eta}{1 - \eta}$$

となりますので, 積分要素は

$$d\zeta = \frac{2i}{(1 - \eta)^2}d\eta$$

とおきかえます. すると, シュヴァルツ・クリストッフェル積分は,

$$\int_0^z \prod_{k=1}^n (\zeta - x_k)^{\alpha_k - 1}d\zeta$$

$$= \int_{-1}^{F(z)} \left[\prod_{k=1}^n \left(i\frac{1 + \eta}{1 - \eta} - x_k\right)^{\alpha_k - 1}\right] \frac{2id\eta}{(1 - \eta)^2}$$

$$= \int_{-1}^{F(z)} \left[\prod_{k=1}^n \left(\eta - \frac{x_k - i}{x_k + i}\right)^{\alpha_k - 1} (x_k + i)^{\alpha_k - 1}\right] \frac{2id\eta}{(1 - \eta)^{2 + \sum_{k=1}^n (\alpha_k - 1)}}$$

$$= \text{const.} \times \int_{-1}^w \prod_{k=1}^n (\eta - y_k)^{\alpha_k - 1}d\eta$$

と書き直すことができます. ただし, $w = F(z) \in B_{0,1}$ です. ここで, 内角の和が $(n - 2)\pi$ となることを用いました.

単位開円板上のシュヴァルツ・クリストッフェル変換

複素平面の n 角形は頂点 $v_1, \ldots, v_n$ をこの順に反時計回りにたどってえられ, それぞれの頂点における内角は $\pi\alpha_1, \ldots, \pi\alpha_n$ となっている. 複素平面の単位開円板 $B_{0,1}$ からこの n 角形の多角形領域 P への双正則写像の定義域を $\overline{B_{0,1}}$ に拡張した連続写像を g とし, 単位円周上の点 $y_1, y_2, \ldots, y_n$ の g による像が $v_1, v_2, \ldots, v_n$ になっているとする. このとき, g は定数 A, C を用いて

$$g(w) = A + C \int_0^w \prod_{k=1}^n (\eta - y_k)^{\alpha_k - 1}d\eta$$

という形に書ける. ただし, 積分路は 0 と w を結ぶ, $\overline{B_{0,1}}$ 内の区分的になめらかな曲線にとる.

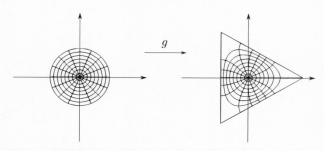

図 **17.2** 開円板から正 3 角形へのシュヴァルツ・クリストッフェル変換.

例えば, $y_1, \ldots, y_n$ として, 1 の n 乗根

$$y_k = e^{2\pi i k/n} \quad (k = 1, 2, \ldots, n)$$

をとり, n 角形の内角を

$$\pi\alpha_k = \frac{n-2}{n}\pi \quad (k = 1, 2, \ldots, n)$$

とすると, シュヴァルツ・クリストッフェル積分は

$$g(w) = \int_0^w (\eta^n - 1)^{-2/n} d\eta$$

であたえられることになります. 開円板上の積分路を $2\pi/n$ 回転することにより, 積分の値も

$$g(e^{2\pi i/n} w) = e^{2\pi i/n} g(w)$$

と $2\pi/n$ 回転することから, g による $B_{0,1}$ の像が n 回回転対称だとわかります. つまり, g は単位開円板から正 n 角形への双正則写像をあたえています (図 17.2).

次は P として長方形, つまり $n = 4$ で $\alpha_j = 1/2$ $(j = 1, \ldots, 4)$ の場合を考えてみましょう. $k \in (0, 1)$ をパラメーターとして,

$$x_1 = -1/k, \quad x_2 = -1, \quad x_3 = 1, \quad x_4 = 1/k$$

ととり, 上半平面上のシュヴァルツ・クリストッフェル変換 $f : H_+ \to P$ を

$$f(z) = \int_0^z \frac{d\zeta}{\sqrt{(1 - \zeta^2)(1 - k^2\zeta^2)}}$$

によってあたえます. すると P の頂点は,

$$v_1 = -A + iB, \quad v_2 = -A, \quad v_3 = A, \quad A + iB$$

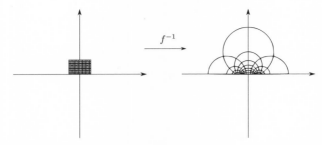

図 **17.3** 上半平面から長方形へのシュヴァルツ・クリストッフェル変換の逆写像.

となることがわかります. ただし, A, B はそれぞれ定積分

$$A = K(k^2) := \int_0^1 \frac{dt}{\sqrt{(1-t^2)(1-k^2t^2)}}, \quad B = \int_1^{1/k} \frac{dt}{\sqrt{(t^2-1)(1-k^2t^2)}}$$

です. $K(k^2)$ は第1種完全楕円積分といいます. B の積分の方も, 積分変数を

$$t = \frac{\sqrt{1-(1-k^2)s^2}}{k}$$

とおきかえればわかるように, 第1種完全楕円積分

$$B = \int_0^1 \frac{ds}{\sqrt{(1-s^2)(1-(1-k^2)s^2)}} = K(1-k^2)$$

で書くことができます. このシュヴァルツ・クリストッフェル変換 $f : H_+ \to P$ の逆写像 $f^{-1} : P \to H_+$ を考えましょう (図 17.3).

長方形領域 P を平行移動して, 整数の組 (m, n) に対して

$$P(m, n) = \{z + 2mA + inB \in \mathbb{C} | z \in P\}$$

を定義します. 第12話の[シュヴァルツの鏡像原理]により, $z \in P(1, 0)$ に対して

$$f^{-1}(z) = \overline{f^{-1}(2A - \overline{z})}$$

とすることにより, 定義域を $P(1, 0)$ に拡張することができます. これは, $z \in P(1, 0)$ の直線 $A + i\mathbb{R}$ に関する鏡像が $2A - \overline{z} \in P$ であることを用いています. 同様に, $P(0, 1)$ に対しては,

$$f^{-1}(z) = \overline{f^{-1}(\overline{z} + 2iB)}$$

$P(1, 1)$ に対しては,

$$f^{-1}(z) = f^{-1}(2A + 2iB - z)$$

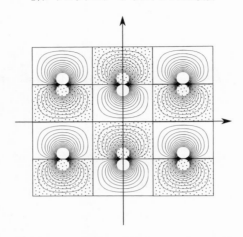

図 17.4 ヤコビの楕円関数 sn の虚部の等高線. 影のかかった領域では $\mathrm{Im}\,(\mathrm{sn}(z)) < 0$ となっている.

とすればよいです.

　以下同様に, シュヴァルツの鏡像原理を繰り返し用いることにより, 特異点集合

$$S = \{2pA + i(2q+1)B \in \mathbb{C} | p, q \in \mathbb{Z}\}$$

を除いた全領域 $\mathbb{C} \setminus S$ に f^{-1} の定義域を拡張できます. こうして構成された正則関数を $\mathrm{sn} : \mathbb{C} \setminus S \to \mathbb{C}$ と書き, これは何種類かあるヤコビの楕円関数の1つになっています (図 17.4). ヤコビの楕円関数は2つの周期 $4A, 2iB$ をもつ2重周期関数です. つまり, $m, n \in \mathbb{Z}$ として

$$\mathrm{sn}(z + 4mA + 2inB) = \mathrm{sn}(z)$$

が任意の $z \in \mathbb{C} \setminus S$ に対して成り立ちます.

　ヤコビの楕円関数は振り子の運動の解になっているので, 少しみておきましょう. 腕の長さが l の振り子に質量 m のおもりがついていて, 鉛直平面内を運動しているとします (図 17.5). 運動は振れ角 θ であらわします. 振り子の運動エネルギーは, $(ml^2/2)(d\theta/dt)^2$ で, 位置エネルギーは $mgl(1 - \cos\theta)$ です. 力学的エネルギーが保存するので,

$$\frac{ml^2}{2}\left(\frac{d\theta}{dt}\right)^2 + mgl(1 - \cos\theta) = mgl(1 - \cos\theta_0)$$

となります. ただし θ_0 は最大の振れ角です. $d\theta/dt > 0$ として,

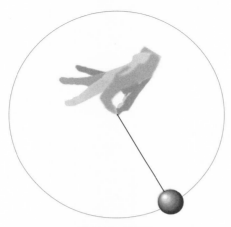

図 **17.5**　振り子.

$$\frac{d\theta}{dt} = \sqrt{\frac{4g}{l}\left[\left(\sin\frac{\theta_0}{2}\right)^2 - \left(\sin\frac{\theta}{2}\right)^2\right]}$$

と書き換えることができます. ここで,

$$k = \sin\frac{\theta_0}{2}, \quad x = \frac{1}{k}\sin\frac{\theta}{2}$$

とおくと,

$$\frac{dx}{dt} = \sqrt{\frac{g}{l}}\sqrt{(1-x^2)(1-k^2x^2)}$$

となります. $t=0$ で $x=0$ とすれば,

$$t = \sqrt{\frac{l}{g}}\int_0^x \frac{ds}{\sqrt{(1-s^2)(1-k^2s^2)}}$$

ですので, 運動方程式の解が

$$x = \mathrm{sn}\left(\sqrt{\frac{g}{l}}t\right)$$

と求まります. また, 振り子の周期 T は $x=1$ となるのに要する時間の 4 倍で,

$$T = 4\sqrt{\frac{l}{g}}\int_0^1 \frac{ds}{\sqrt{(1-s^2)(1-k^2s^2)}} = 4\sqrt{\frac{l}{g}}K(k^2)$$

と, 第 1 種完全楕円積分であらわされます.

クッタ・ジューコフスキーの定理

　水や空気は多数の分子からなっているので，それらの振る舞いは，1つ1つの分子の運動に帰着されます．もちろん莫大な数の分子の運動を追いかけることは，実質的に不可能です．しかし川の流れや，飛行機のまわりの風の流れを考えるとき，多数の分子の運動を粗視化して，連続体，つまり連続した物質として取り扱う近似が有効な場合があります．具体的には，水や空気の状態を，質量密度，速度場，温度，圧力などの場の量，つまり3次元ユークリッド空間上の関数としてあらわします．そのような数学的モデルを扱う体系が流体力学です．

　流体力学では，水や空気などの流体のしたがう運動方程式を解くことに主に興味があります．簡単な場合には，流体の運動方程式の厳密な解を求めることができます．今回の話は，正則関数を用いて解を構成する方法についてです．

　$\mathbb{R}^3$ の xy 方向に運動し，z 方向には運動しない，2次元流を考えます．運動方向である xy-平面を，複素平面と同一視することになります．流体の状態を特徴づける量として，単位体積あたりの質量をあらわす質量密度関数 ρ と，速度ベクトル場 (u, v) があります．ρ, u, v は，通常は場所 (x, y) と時刻 t について微分可能な関数です．

　流体の質量が保存する条件は，連続の式

$$\rho_t + \rho_x u + \rho_y v + \rho(u_x + v_y) = 0$$

であたえられます．ただし，ρ_t は (x, y, t) の3変数関数 ρ の，t に関する偏導関数をあらわします．ρ_x, ρ_y, u_x, v_y なども同様です．

　質量密度が流体の流れに沿って一定になるものを非圧縮性流体といいます．その条件は，

$$\rho_t + \rho_x u + \rho_y v = 0 \tag{18.1}$$

とあらわすことができます．したがって，非圧縮性流体の連続の式は，

$$u_x + v_y = 0 \tag{18.2}$$

となります. 単連結な領域 $U \subset \mathbb{R}^2$ を考えているとき, 微分可能な関数 $\Psi : U \to \mathbb{R}$ が存在して, (18.2) の解は

$$u = \Psi_y, \quad v = -\Psi_x \tag{18.3}$$

という形に書けます. このような関数 Ψ を, 流線関数といいます. 速度ベクトル (u, v) が流線関数の勾配 (Ψ_x, Ψ_y) と直交していますので, 速度ベクトルは, 流線関数の等高線に接しています. 時刻 t を固定したとき, 速度場の積分曲線, つまり各点で速度ベクトルが接するような曲線のことを流線といいますので, 流線関数の等高線が流線になっていることになります.

速度場の渦度の場は

$$\omega = v_x - u_y$$

と定義され, 各点の近傍における流体の回転運動の度合いを定量化したものです. 渦度が各点でゼロとなる, 渦なし流を考えることにしましょう.

単連結領域 U における渦なし流の条件

$$\omega = v_x - u_y = 0 \tag{18.4}$$

は, 関数 $\Phi : U \to \mathbb{R}$ がとれて

$$u = \Phi_x, \quad v = \Phi_y \tag{18.5}$$

と書けることと等価です. このような関数 Φ を速度ポテンシャルといいます.

速度場の表式 (18.3), (18.5) より, 流線関数と速度ポテンシャルはコーシー・リーマンの関係式

$$\Phi_x = \Psi_y, \quad \Phi_y = -\Psi_x$$

をみたしています.

考えている領域 U が単連結ではないときは, 速度ポテンシャルは U 上で大域的に存在する保証がなく, 一般には U 上の多価関数になります. しかしこの場合も, $(u, v) = (\Phi_x, \Phi_y)$ は U 上で 1 価となっています.

渦なしの非圧縮性 2 次元流

開集合 U における渦なしの非圧縮性 2 次元流の速度場 (u, v) は，時刻 t を
パラメーターにもつ U 上の一般には多価の正則関数

$$W(x + iy, t) = \Phi(x, y, t) + i\Psi(x, y, t)$$

を用いて，

$$u = \Phi_x = \Psi_y, \quad v = \Phi_y = -\Psi_x$$

とあらわすことができる．このとき，導関数

$$\frac{\partial W(z, t)}{\partial z} = u - iv$$

は U 上の 1 価の正則関数となっている．W を複素速度ポテンシャルとい
う．また，各時刻において Ψ の等高線は流線になっている．

　非圧縮性，渦なしの 2 次元流は時刻 t に依存する正則関数で記述されることが
わかりました．その中で流体の運動方程式をみたすものを探すことになります．
　流体の運動方程式とは，速度場 (u, v) の時間発展をあたえるもののことです．
流体の運動とは，連続体が変形していく過程です．流体を構成する無限小の要素
を流体素片といいます．流体は無数の流体素片からなり，それぞれが速度場に
沿って運動していることになります．流体素片は，まわりの流体の部分から圧力
勾配，粘性応力などの力を受けます．圧力や粘性は流体の物質としての特性によ
るものです．粘性がなく，圧力が方向特性をもたないものを完全流体といいま
す．完全流体の運動方程式は，流体の圧力の場を p として，

$$u_t = -uu_x - vu_y - \frac{p_x}{\rho} + A, \tag{18.6}$$

$$v_t = -uv_x - vv_y - \frac{p_y}{\rho} + B \tag{18.7}$$

であらわされます．ただし (A, B) は，重力などの外力の場です．完全流体の運
動方程式は，オイラーの運動方程式とよばれています．
　あらかじめあたえられた U 上の微分可能な関数 $\Omega : U \to \mathbb{R}$ を用いて，

$$A = -\Omega_x, \quad B = -\Omega_y$$

と書けるとき，外力は保存力だといいます．Ω は重力ポテンシャルのことだと
思ってもよいです．

　非圧縮性流体は, ある時刻で ρ が x, y に依存しなければ, (18.1) より t にも依存しません. そこで, 質量密度 ρ は定数だとしましょう.

　これらの仮定のもと, 流体の速さの場 $w = \sqrt{u^2 + v^2}$ の2乗を x で微分すると,

$$\frac{\partial}{\partial x}\frac{w^2}{2} = uu_x + vv_x$$

$$= uu_x + vu_y \quad (\because (18.4))$$

$$= -u_t - \frac{p_x}{\rho} - \Omega_x \quad (\because (18.6))$$

$$= \frac{\partial}{\partial x}\left(-\Phi_t - \frac{p}{\rho} - \Omega\right)$$

となり, 同様に y で微分すると,

$$\frac{\partial}{\partial y}\frac{w^2}{2} = uu_y + vv_y$$

$$= uv_x + vv_y \quad (\because (18.4))$$

$$= -v_t - \frac{p_y}{\rho} - \Omega_y \quad (\because (18.7))$$

$$= \frac{\partial}{\partial y}\left(-\Phi_t - \frac{p}{\rho} - \Omega\right)$$

となります. これらのことから,

$$\frac{w^2}{2} + \frac{p}{\rho} + \Omega + \Phi_t = C(t)$$

が成り立つことがわかりました. これはいくつかのバージョンがあるベルヌーイ方程式の1つで, 左辺の量が空間的に一様だということを意味しています. ベルヌーイ方程式は, 圧力の場 p を各時刻であたえる形になっており, これがみたされれば, オイラーの運動方程式は解けていることになります.

ベルヌーイ方程式

　質量密度 ρ が一定値をとる, 渦なしの完全流体の2次元流において, 速度ポテンシャルが Φ によってあたえられているとする. また, 流体にはたらく外力は保存力で, 外力のポテンシャルは Ω であたえられているとする. このとき, 流体の速さ w, 圧力 p, ポテンシャル Ω の間には,

$$\frac{w^2}{2} + \frac{p}{\rho} + \Omega + \Phi_t = C(t)$$

> の関係が成り立つ.

以下では 2 次元定常流, つまり Φ, Ψ, p が時刻 t によらない場合を考えます. また外力の効果は無視できるとして, $\Omega = 0$ とします.

● 一様流：速度ベクトルが一定となる一様な流れです. 複素速度ポテンシャルは, $a \in \mathbb{C}$ として

$$W(z) = az$$

であたえられ, $a = we^{i\theta}$ のとき, 速度ベクトルは

$$u = w\cos\theta, \quad v = -w\sin\theta$$

となります (図 18.1).

● 湧き出し, 吸い込み, 渦：流れの源となる湧き出し, あるいは吸い込み口があります. $a \in \mathbb{C}$ として,

$$W(z) = a\log z$$

は多価関数となります. 導関数 W' は $\mathbb{C} \backslash \{0\}$ 上で正則で, 速度場は $a = \beta + i\delta$ として,

$$u = \frac{\beta x + \delta y}{x^2 + y^2}, \quad v = \frac{-\delta x + \beta y}{x^2 + y^2}$$

とあたえられます. 台風のような流れをあらわしています (図 18.2).

a が実数のときには流れは放射状になっていて, $a > 0$ のときは湧き出し, $a < 0$ のときは吸い込みです. a が純虚数のときは, 流れは同心円状の渦になっています.

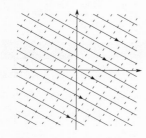

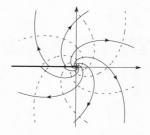

図 **18.1**　複素速度ポテンシャル $W = az$ のもとでの流体の流れの様子. 破線は速度ポテンシャル Φ の等高線, 実線は流線関数 Ψ の等高線.

図 **18.2**　複素速度ポテンシャル $W = a\log z$ のもとでの流体の流れの様子. 実軸の $x \leq 0$ の部分にブランチ・カットがいれてある.

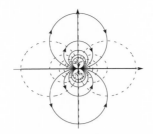

図 **18.3** 複素速度ポテンシャル $W = \beta/z$ のもとでの流体の流れの様子.

● 双極子：同じ強さの湧き出しと吸い込みのペアの作る流れ.

　　点 $-c \in \mathbb{R}$ に湧き出しがある流れは, $\beta > 0$ として

$$W_1(z) = \frac{\beta}{2c} \log(z + c)$$

とあらわされます. 同様に点 $c \in \mathbb{R}$ に同じ強さの吸い込みがある流れは,

$$W_2(z) = -\frac{\beta}{2c} \log(z - c)$$

であたえられます. 複素速度ポテンシャルは, 重ね合わせることができ, $W_1 + W_2$ において $c \to 0$ の極限をとることにより,

$$W(z) = \frac{\beta}{z}$$

がえられます. したがって, これがあらわす流れは, 湧き出しと吸い込みのペアによってもたらされると解釈でき, 2 次元的な双極子になっています (図 18.3). 速度場は,

$$u = -\frac{\beta(x^2 - y^2)}{(x^2 + y^2)^2}, \quad v = -\frac{2\beta xy}{(x^2 + y^2)^2}$$

となっています.

　一様流, 湧き出し, 吸い込み, 渦, 双極子と基本的な例をみてきました. これらを重ね合わせて, さまざまな解を作ることもできます. 複素速度ポテンシャル

$$W(z) = \beta z + \frac{\beta R^2}{z} - i\delta \log z$$

を考えましょう. $\beta, R > 0, \delta$ は実数です. 速度ポテンシャル, 流線関数はそれぞれ

$$\Phi = \frac{\beta x(x^2 + y^2 + R^2)}{x^2 + y^2} + \delta \ \arg(x + iy),$$

$$\Psi = \frac{\beta y(x^2 + y^2 - R^2)}{x^2 + y^2} - \frac{\delta}{2} \log(x^2 + y^2)$$

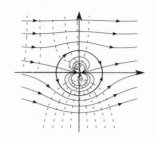

図 **18.4**　複素速度ポテンシャル $W = \beta z + \beta R^2/z - i\delta \log z$ のもとでの流体の流れ
の様子. 一様流の中の回転する円柱のまわりの流れ.

となります. $x^2 + y^2 = R^2$ で Ψ は一定値をとるので, そこに半径 R の円柱の
表面があり, 流れの境界となっていると物理的には解釈できます (図 18.4).

　粘性のある流体では, 物体の表面では流体の速度はゼロという境界条件をお
きます. 完全流体の場合には, 今のように物体の表面に接する速度成分をもっ
ていてもよいです. 正確には, 物体の表面ではなく, 物体の表面の少し外側の面
が, 完全流体の境界だと思っています. 実際の物理系では, 物体の表面近くの流
体の振る舞いには, 粘性が関与します. ですので, 物体のまわりに粘性流体で記
述される薄い境界層があり, 境界層の外側の領域を完全流体で記述していると
思えばよいです.

　この円柱が流体から受ける力を求めてみましょう. 次の公式が使えます.

ブラジウスの公式

渦なしの非圧縮性完全流体の 2 次元定常流の流線を境界とする, 外力のは
たらかない物体が流体から受ける単位長さあたりの力 (F_x, F_y) は, 境界 γ
に沿った積分

$$F_x - iF_y = \frac{i\rho}{2} \int_\gamma W'(\zeta)^2 d\zeta$$

であたえられる.

[証明] $W : U \to \mathbb{C}$ を複素速度ポテンシャルとします. 物体の表面に沿った閉
曲線 γ をパラメーター表示

$$\gamma : [0, 1] \to U; s \mapsto \gamma(s) = x(s) + iy(s)$$

であらわしておきます. 物体の表面上の, 外向きの単位法線ベクトル場 (n_x, n_y)

は

$$(n_x, n_y) = \frac{(y'(s), -x'(s))}{|\gamma'(s)|}$$

であたえられますので，物体にはたらく単位長さあたりの力を (F_x, F_y) とすると，各成分はそれぞれ

$$F_x = -\int_0^1 pn_x|\gamma'(s)|ds = -\int_0^1 py'(s)ds = -\int_\gamma pdy,$$

$$F_y = -\int_0^1 pn_y|\gamma'(s)|ds = \int_0^1 px'(s)ds = \int_\gamma pdx$$

となります．複素形式にまとめると

$$F_x - iF_y = -i\int_\gamma p(dx - idy) = -i\int_0^1 p\overline{\gamma'(s)}ds \tag{18.8}$$

と書くことができます．［ベルヌーイ方程式］を定常で $\Omega = 0$ の場合に適用すると，圧力 p は

$$p(z) = C - \frac{\rho w(z)^2}{2} = C - \frac{\rho}{2}|W'(z)|^2$$

であたえられることがわかります．ここで C は実の定数です．

閉曲線 γ 上で Ψ は一定値をとることから，

$$\overline{W'(\gamma(s))} = \overline{\frac{dW(\gamma(s))}{ds}}\overline{\gamma'(s)^{-1}} = \frac{d\Phi(\gamma(s))}{ds}\overline{\gamma'(s)^{-1}}$$

$$= \frac{dW(\gamma(s))}{ds}\overline{\gamma'(s)^{-1}} = W'(\gamma(s))\gamma'(s)\overline{\gamma'(s)^{-1}}$$

となることに注意しておきます．これを用いると, (18.8) は

$$F_x - iF_y = -i\int_0^1 \left[C - \frac{\rho}{2}W'(\gamma(s))\overline{W'(\gamma(s))}\right]\overline{\gamma'(s)}ds$$

$$= -iC\overline{\int_0^1 \gamma'(s)ds} + \frac{i\rho}{2}\int_0^1 W'(\gamma(s))^2\gamma'(s)ds = \frac{i\rho}{2}\int_\gamma W'(z)^2dz$$

となります．

ブラジウスの公式を用いて，一様流の中で回転する円筒の受ける単位長さあたりの力を計算してみましょう．

$$W'(z) = \beta - \frac{\beta R^2}{z^2} - i\frac{\delta}{z},$$

$$W'(z)^2 = \beta^2 - \frac{2i\beta\delta}{z} - \frac{2\beta^2 R^2 + \delta^2}{z^2} + \frac{2i\beta\delta R^2}{z^2} + \frac{\beta^2 R^4}{z^4}$$

ですので, 留数定理を用いると,

$$F_x - iF_y = \frac{i\rho}{2} \int_\gamma W'(z)^2 dz = 2\pi i\rho\beta\delta$$

と求まります.

$|z|$ が大きなところでの流れは一様流になっていて, パラメーター β は一様流の速さをあらわしています. パラメーター δ は, 循環の強さをあらわしています. 循環は, 反時計回りの単純閉曲線 γ に対して,

$$\Gamma = \int_\gamma (udx + vdy)$$

と定義され, 閉曲線に沿った速度成分の積分のことです. γ が流線に沿っているときは,

$$uy'(s) - vx'(s) = 0$$

ですので,

$$\Gamma = \int_\gamma (udx + vdy) + i \int_\gamma (udy - vdx) = \int_\gamma (u - iv)(dx + idy) = \int_\gamma W'(z)dz$$

とあらわすことができます.

今の場合

$$\Gamma = 2\pi\delta$$

です. したがって,

$$F_x - iF_y = i\rho\beta\Gamma$$

となり円筒は一様流の向きとは垂直な方向に, 循環に比例した力を受けます.

このことはより一般な形で成り立ちます.

クッタ・ジューコフスキーの定理

速度 $(\beta, 0)$ の一様流の中におかれた外力のはたらかない物体のまわりの流れを, 質量密度 ρ が一定の非圧縮性完全流体の, 渦なしの 2 次元定常流として考える. 速度場 $W'(z)$ は物体の外側でローラン級数展開でき, ローラン級数の解析的部分が定数 β であたえられているとする. 物体の境界が, 循環 Γ をもつ単純閉曲線だとすると, 物体が流体から受ける単位長さあたりの力は

$$F_x - iF_y = i\rho\beta\Gamma$$

であらわされる.

[証明] 速度場のローラン級数展開を,

$$W'(z) = \beta + \frac{a_{-1}}{z} + \frac{a_{-2}}{z^2} + \cdots$$

とします. 物体の境界 γ の循環は,

$$\Gamma = \int_\gamma W'(z)dz = 2\pi i a_{-1}$$

ですので,

$$a_{-1} = \frac{\Gamma}{2\pi i}$$

です. したがって［ブラジウスの公式］より,

$$F_x - iF_y = \frac{i\rho}{2}\int_\gamma W'(z)^2 dz = \frac{i\rho}{2}\int_\gamma \left(\beta^2 + \frac{2\beta a_{-1}}{z} + \cdots\right)dz$$

$$= -2\pi\rho\beta a_{-1} = i\rho\beta\Gamma$$

となります. ∎

　一様流と平行な方向には力がはたらかないというのは, ダランベールのパラドックスとして知られていることです. 実際には, 向かい風のときには抵抗を受けるので逆説的に思えます. オイラーの運動方程式ではなく, 粘性を考慮したナヴィエ・ストークス方程式を用いた簡単なモデルで, 抵抗力は説明されます.

19話

因果律と
クラマース・クローニッヒの関係式

　電磁波は電場と磁束密度の変化が空間を伝わる現象で，真空中で決まった速さをもっています．電磁波が物質中を進むとき，電場が物質中の電子を振動させ，それぞれの電子が2次的な電磁場を発生させる，分極という効果があるために，電磁波の振る舞いは少し複雑です．分極というのは物質中の電子の再配置によってたくさんの電気双極子，つまり正負の電荷のペアが生じることです．正負の電荷のペアの間には強い電場が生じるので，物質中の電場は微視的には起伏の激しいものになっています．しかし，そのような微視的な電場ではなく，流体を考えるときのように，ある空間的スケールで平均化して，平滑化した電場のことを分極による電場だと考えます．具体的には，物質中に誘導された電気双極子の配位を，単位体積あたりの電気双極子モーメント P によって，まずあらわします．すると P はベクトル場になります．特定の方向特性をもたない物質では，分極の向きは電場と平行です．分極 P によって生じる電場を E_P とすると，$E_P = -P/\epsilon_0$ という関係があります．ϵ_0 は真空の誘電率という実の定数です．

　物質中のある点における電場を E としましょう．電磁波の場合，E は時間とともに変化します．電場はベクトル量ですが，ある特定の方向の電場成分を E としています．E の内訳は，外部から印加したバックグラウンドの電場 E_0 と，分極によって生じた電場 E_P です．

　電場と分極は時間の関数で，それらの間の関係が，実の関数 ϕ を用いて

$$P(t) = \epsilon_0 \int_{-\infty}^{\infty} \phi(t-s)E(s)ds \tag{19.1}$$

とあたえられているとしましょう．これは，時刻 t における分極 $P(t)$ が，別の時刻 s における電場 $E(s)$ に時間差に応じた重み $\epsilon_0\phi(t-s)$ をつけて平均したものだという意味です．ϕ を応答関数といいます．未来の時刻の影響は受けないとするのが妥当なので，$t < 0$ に対しては $\phi(t) = 0$ が成り立つとします．応答

関数に対するこの仮定を因果律といいます.

　応答関数は物質によってさだまっていて, その物質の光学的な性質を特徴づける物理量です. 実際の物理系で測定されるのは, 特定の周波数をもつ電磁波に対する応答をはかる量で, 複素数としてあらわされます. その実部と虚部には, ある特定の関係があります. 今回の話の目的は, そのしくみを理解することです. ただし, 厳密な推論を行うためにはフーリエ解析の大掛かりな準備が必要となるため, ここではそれをあきらめて, 形式的な議論にとどめます.

[定義] フーリエ変換

複素数値関数 $f : \mathbb{R} \to \mathbb{C}$ は絶対可積分, つまり

$$\int_{-\infty}^{\infty} |f(x)| dx$$

が存在して有限の値をとるとする. このとき, f のフーリエ変換を

$$F(k) = \frac{1}{\sqrt{2\pi}} \int_{-\infty}^{\infty} f(x) e^{ikx} dx$$

によって定義する.

　関数 f と f をフーリエ変換してできる関数 F は, どちらも実数を定義域とする複素数値関数ですが, 定義域は違うものだと思っています. 例えば, f が時刻 t の関数なら, F は時間の逆数, つまり角周波数 ω の関数です.

　フーリエ変換を道具として使うためには, 次の公式が役に立ちます.

デルタ関数

実関数 f の $x \in \mathbb{R}$ における値を評価することを

$$f(x) = \int_{-\infty}^{\infty} \delta(x - y) f(y) dy$$

と書く. 形式的に

$$\delta(x - y) = \frac{1}{2\pi} \int_{-\infty}^{\infty} e^{\pm ik(x-y)} dk$$

が成り立つ.

　これを用いると, 形式的に次のような計算ができます. F を f のフーリエ変換とするとき,

$$\int_{-\infty}^{\infty} F(k)e^{-ikx}dk = \frac{1}{\sqrt{2\pi}} \int_{-\infty}^{\infty} \left(\int_{-\infty}^{\infty} f(y)e^{iky}dy \right) e^{-ikx}dk$$

$$= \frac{1}{\sqrt{2\pi}} \int_{-\infty}^{\infty} \left(\int_{-\infty}^{\infty} e^{-ik(x-y)}dk \right) f(y)dy$$

$$= \sqrt{2\pi} \int_{-\infty}^{\infty} \delta(x-y)f(y)dy = \sqrt{2\pi}f(x)$$

です. このようにして, もとの関数 f を復元することができます.

逆フーリエ変換

性質の良い関数 f のフーリエ変換 F に対して,

$$f(x) = \frac{1}{\sqrt{2\pi}} \int_{-\infty}^{\infty} F(k)e^{-ikx}dk$$

が成り立つ. この操作を逆フーリエ変換という.

どのような関数が性質が良いのかという議論は込み入っています. ここでは, 性質の良い関数の例として, 区分的に連続な関数をあげておきます. $f : \mathbb{R} \to \mathbb{C}$ が区分的に連続とは, 有限個の実数 $x_1, x_2, \ldots, x_m$ がとれて, f は $\mathbb{R} \setminus \{x_1, \ldots, x_m\}$ では連続で, 各不連続点において左右の極限

$$f(x_k + 0) = \lim_{s \to 0, s > 0} f(x_k + s), \quad f(x_k - 0) = \lim_{s \to 0, s > 0} f(x_k - s)$$

がそれぞれ存在することをいいます.

因果律をみたす応答関数のフーリエ変換は, 角周波数 ω の複素数値関数となります. それを

$$\Phi(\omega) = \frac{1}{\sqrt{2\pi}} \int_0^{\infty} \phi(t)e^{i\omega t}dt$$

と書きましょう. Φ の定義域は $\mathbb{R}$ ですが, これを複素数に拡張してみましょう. すると, $\omega = x + iy \in \mathbb{C}$ として

$$\Phi(x + iy) = \frac{1}{\sqrt{2\pi}} \int_0^{\infty} \phi(t)e^{ixt}e^{-yt}dt$$

です. $\Phi : \mathbb{R} \to \mathbb{C}$ が 2 乗可積分だとします. つまり, 積分

$$\int_{-\infty}^{\infty} |\Phi(x)|^2 dx$$

が存在して有限な値をとるとしましょう. このとき, $\Phi(x + iy)$ は $y > 0$ で正則で, $y \to 0$ の極限で $\Phi(x + iy) \to \Phi(x)$ となります. ただしこれを示すためには

細かい議論が必要となりますので, 以下ではこの結果を認めて進めていきます.

f, g を実数上の 2 乗可積分な複素数値関数とすると,

$$\left| \int_{-\infty}^{\infty} f(x)g(x)dx \right| \leq \left(\int_{-\infty}^{\infty} |f(x)|^2 dx \right)^{1/2} \left(\int_{-\infty}^{\infty} |g(x)|^2 dx \right)^{1/2}$$

が成り立つことが, コーシー・シュヴァルツの不等式として知られています. $f,$ g がさらに絶対可積分のとき, それらのフーリエ変換をそれぞれ F, G とすると,

$$
\begin{aligned}
\int_{-\infty}^{\infty} F(k)G(k)dk &= \frac{1}{2\pi} \int_{-\infty}^{\infty} \left(\int_{-\infty}^{\infty} f(x)e^{ikx}dx \right) \left(\int_{-\infty}^{\infty} g(y)e^{iky}dy \right) dk \\
&= \frac{1}{2\pi} \int_{-\infty}^{\infty} f(x) \left[\int_{-\infty}^{\infty} g(y) \left(\int_{-\infty}^{\infty} e^{ik(x+y)}dk \right) dy \right] dx \\
&= \int_{-\infty}^{\infty} f(x) \left(\int_{-\infty}^{\infty} g(y)\delta(x+y)dy \right) dx \\
&= \int_{-\infty}^{\infty} f(x)g(-x)dx
\end{aligned}
$$

が成り立ちます. 特に, $g(x) = f(-x)$ のとき, $G(k) = \overline{F(k)}$ ですので,

$$\int_{-\infty}^{\infty} |F(k)|^2 dk = \int_{-\infty}^{\infty} |f(x)|^2 dx$$

が成り立ちます. このように, 2 乗可積分関数のフーリエ変換も 2 乗可積分関数となります.

応答関数 ϕ は 2 乗可積分だとしましょう. すると, そのフーリエ変換 Φ も 2 乗可積分なので, Φ は複素上半平面 $H_+ = \{(x + iy) \in \mathbb{C} | y > 0\}$ 上で正則な複素関数に拡張することができ, $\Phi(x + iy) \to \Phi(x)$ $(y \to 0)$ となっています.

実軸に $\omega \in \mathbb{R}$ をとり, 4 つの曲線

$$
\begin{aligned}
\gamma_1 &: [-R, \omega - \epsilon] \to \mathbb{C}; t \mapsto t, \\
\gamma_2 &: [0, \pi] \to \mathbb{C}; t \mapsto \omega + \epsilon e^{i(\pi - t)}, \\
\gamma_3 &: [\omega + \epsilon, R] \to \mathbb{C}; t \mapsto t, \\
\gamma_4 &: [0, \pi] \to \mathbb{C}; t \mapsto Re^{it}
\end{aligned}
$$

をつなげてできる閉曲線 γ (図 19.1) に沿って積分

$$\int_{\gamma} \frac{\Phi(z)}{z - \omega}dz \tag{19.2}$$

を考えると, コーシーの積分定理によりゼロとなります. ただし, R, ϵ は正数で, $R \to \infty, \epsilon \to 0$ の極限をとることを想定しています.

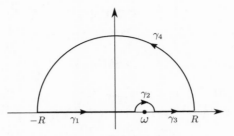

図 **19.1** $\int_\gamma \frac{\Phi(z)}{z-\omega}dz$ の積分路.

まず, 上半平面の γ_4 上における Φ の値の大きさを見積もっておきましょう.
コーシー・シュヴァルツの不等式を用いると,

$$|\Phi(Re^{it})| = \frac{1}{\sqrt{2\pi}}\left|\int_0^\infty \phi(s)e^{isR\cos t}e^{-sR\sin t}ds\right|$$

$$\leq \frac{1}{\sqrt{2\pi}}\left(\int_0^\infty |\phi(s)|^2 ds\right)^{1/2}\left(\int_0^\infty e^{-2sR\sin t}ds\right)^{1/2} < \frac{M}{\sqrt{4\pi R\sin t}}$$

となります. ただし, ϕ の 2 乗可積分性から, 正の実数 M があって

$$\int_0^\infty |\phi(s)|^2 ds < M^2$$

が成り立つとしています. 最後の表式は, t について積分することになるので,
あらかじめ見積もっておくと,

$$\int_0^\pi \frac{dt}{\sqrt{\sin t}} = 2\sqrt{2}K(1/2)$$

と, 第 1 種完全楕円積分であたえられ, 特にいえることは, 有限な値になるとい
うことです.

このことに注意して, 積分路 γ_4 に沿った積分による寄与を評価してみると,

$$\left|\int_{\gamma_4}\frac{\Phi(z)}{z-\omega}dz\right| = \left|\int_0^\pi \frac{\Phi(Re^{it})}{Re^{it}-\omega}iRe^{it}dt\right| < \frac{R}{R-|\omega|}\int_0^\pi |\Phi(Re^{it})|dt$$

$$= \frac{M\sqrt{R}}{\sqrt{4\pi}(R-|\omega|)}\int_0^\pi \frac{dt}{\sqrt{\sin t}} = \frac{2MK(1/2)\sqrt{R}}{\sqrt{2\pi}(R-|\omega|)}$$

がえられます. したがって,

$$\int_{\gamma_4}\frac{\Phi(z)}{z-\omega}dz \to 0 \quad (R\to\infty)$$

です.

次に ω のまわりを時計回りに半周する積分路 γ_2 に沿った積分を評価してみ

ると,

$$\int_{\gamma_2} \frac{\Phi(z)}{z-\omega} dz = \int_{\pi}^{0} \frac{\Phi(\omega + \epsilon e^{it})}{\epsilon e^{it}} i\epsilon e^{it} dt$$

$$= -i \int_{0}^{\pi} \Phi(\omega + \epsilon e^{it}) dt \to -i\pi\Phi(\omega) \quad (\epsilon \to 0)$$

となります.

これらのことから,

$$\int_{\gamma} \frac{\Phi(z)}{z-\omega} dz \to \mathrm{p.v.} \int_{-\infty}^{\infty} \frac{\Phi(x)}{x-\omega} dx - i\pi\Phi(\omega) \quad (R \to \infty, \epsilon \to 0)$$

です. ただし,

$$\mathrm{p.v.} \int_{-\infty}^{\infty} \frac{\Phi(x)}{x-\omega} dx = \lim_{\epsilon \to 0, \epsilon > 0} \left(\int_{-\infty}^{\omega-\epsilon} + \int_{\omega+\epsilon}^{\infty} \right) \frac{\Phi(x)}{x-\omega} dx$$

で, 一般にこのようにして被積分関数の特異点を, 特異点に関して左右対称に避けて積分したものをコーシーの主値といいます. したがって, 実数 ω に対して

$$\Phi(\omega) = -\frac{i}{\pi} \mathrm{p.v.} \int_{-\infty}^{\infty} \frac{\Phi(x)}{x-\omega} dx$$

が成り立ちます. 今, Φ は実関数 ϕ のフーリエ変換なので, $x \in \mathbb{R}$ に対して $\Phi(-x) = \overline{\Phi(x)}$ となっていることに注意すると,

$$\left(\int_{-\infty}^{-\epsilon} + \int_{\epsilon}^{\infty} \right) \frac{\Phi(x)}{x-\omega} dx = -\int_{\infty}^{\epsilon} \frac{\Phi(-x)}{-x-\omega} dx + \int_{\epsilon}^{\infty} \frac{\Phi(x)}{x-\omega} dx$$

$$= \int_{\epsilon}^{\infty} \left(\frac{\Phi(x)}{x-\omega} - \frac{\overline{\Phi(x)}}{x+\omega} \right) dx$$

となります. この式の $\epsilon \to 0$ の極限をとることにより, 次がえられます.

クラマース・クローニッヒの関係式

因果的な応答関数 $\phi: \mathbb{R} \to \mathbb{R}$ が可積分かつ2乗可積分のとき, そのフーリエ変換 $\Phi: \mathbb{R} \to \mathbb{C}$ の実部と虚部は,

$$\mathrm{Re}\,(\Phi(\omega)) = \frac{2}{\pi} \int_{0}^{\infty} \frac{x\,\mathrm{Im}\,(\Phi(x))}{x^2 - \omega^2} dx,$$

$$\mathrm{Im}\,(\Phi(\omega)) = -\frac{2\omega}{\pi} \int_{0}^{\infty} \frac{\mathrm{Re}\,(\Phi(x))}{x^2 - \omega^2} dx$$

によって関係づけられている.

式 (19.1) であたえられる, 分極に関する応答関数のフーリエ変換は, 一般的な

記法では $\chi(\omega) = \sqrt{2\pi}\Phi(\omega)$ と書いて, 複素感受率といいます.

入力 $f(t)$ に対して出力 $g(t)$ が線型な現象で,

$$g(t) = \int_{-\infty}^{\infty} \phi(t-s)f(s)ds = \int_{-\infty}^{t} \phi(t-s)f(s)ds$$

のように因果律をみたす応答関数で記述できるものは他にもたくさんあります. ϕ のフーリエ変換を Φ, f のフーリエ変換を F と書くと,

$$\begin{aligned}
g(t) &= \frac{1}{2\pi}\int_{-\infty}^{\infty}\left(\int_{-\infty}^{\infty}\Phi(\omega)e^{-i\omega(t-s)}d\omega\right)\left(\int_{-\infty}^{\infty}F(\lambda)e^{-i\lambda s}d\lambda\right)ds \\
&= \frac{1}{2\pi}\int_{-\infty}^{\infty}\left[\int_{-\infty}^{\infty}\left(\int_{-\infty}^{\infty}e^{i(\omega-\lambda)s}ds\right)\Phi(\omega)F(\lambda)e^{-i\omega t}d\lambda\right]d\omega \\
&= \int_{-\infty}^{\infty}\Phi(\omega)F(\omega)e^{-i\omega t}d\omega
\end{aligned}$$

となります. これは, g のフーリエ変換が

$$G(\omega) = \sqrt{2\pi}\Phi(\omega)F(\omega)$$

となることを意味しています. $|\Phi(\omega)|$ は入出力信号の角周波数 ω の成分の増幅率, $\arg\Phi(\omega)$ は位相のずれに対応することになります.

実関数 $f : \mathbb{R} \to \mathbb{R}$ に対して,

$$H(f)(\omega) = \frac{1}{\pi}\,\mathrm{p.v.}\int_{-\infty}^{\infty}\frac{f(x)}{x-\omega}dx$$

が定義できるとき, $H(f) : \mathbb{R} \to \mathbb{R}$ を f のヒルベルト変換といいます. $g = H(f)$ のヒルベルト変換が定義できるときは, $H(g)(\omega) = f(-\omega)$ となります. このとき, f, g はヒルベルト変換対だといいます. クラマース・クローニッヒの関係式は

$$H(\mathrm{Re}\,(\Phi)) = \mathrm{Im}\,(\Phi), \quad H(\mathrm{Im}\,(\Phi)) = -\mathrm{Re}\,(\Phi)$$

と書けますので, 一言でいえば, 因果律をみたす応答関数のフーリエ変換の実部と虚部は, ヒルベルト変換対だということになります. 因果律と正則性との間の一般的な論理関係に関しては, 次のことが知られています.

ティッチマーシュの定理

絶対可積分で 2 乗可積分な複素数値関数 ϕ について, 以下の 3 つは互いに同値.

- H_+ 上の正則関数 $f : H_+ \to \mathbb{C}$ があって, $\Phi(x) = \lim_{y \to 0} f(x + iy)$ となっており, 正数 K がとれて

$$\int_{-\infty}^{\infty} |f(x + iy)|^2 dx < K$$

  が成り立つ.

- Φ の実部と虚部はヒルベルト変換対になっている. つまり,

$$H(\mathrm{Re}\,(\Phi)) = \mathrm{Im}\,(\Phi), \quad H(\mathrm{Im}\,(\Phi)) = -\mathrm{Re}\,(\Phi)$$

  が成り立つ.

- Φ の逆フーリエ変換

$$\phi(t) = \frac{1}{\sqrt{2\pi}} \int_{-\infty}^{\infty} \Phi(\omega) e^{-i\omega t} d\omega$$

  は, $t < 0$ に対して $\phi(t) = 0$ をみたす.

20話

スターリングの公式とボーズ積分

n 枚のカードを 1 列に並べる方法は,

$$n! = n(n-1)(n-2)\cdots 1$$

通りあります. これが自然数 n の階乗です. 何かの場合の数をあらわすのに, 階乗は必ずあらわれます. 統計力学では, 物理系の微視的な状態数から比熱やエントロピーなど, あらゆる熱力学的な量が導けます. 状態数を数えるときも, もちろん階乗を用いることになります. 有用なのは,

$$\log n! \sim n \log n - n \quad (n \to \infty)$$

が成り立つというスターリングの公式です. $n \to \infty$ の極限で両辺の比が 1 になるという意味です.

階乗は, 自然数に対して定義されます. これを連続変数に拡張したものとして, ガンマ関数が知られています.

[定義] ガンマ関数

正の実部をもつ複素数 z に対して,

$$\Gamma(z) = \int_0^\infty t^{z-1} e^{-t} dt \tag{20.1}$$

によって定義される正則関数をガンマ関数という.

$\mathrm{Re}(z) > 0$ のとき, 部分積分によって,

$$\Gamma(z) = \int_0^\infty t^{z-1} e^{-t} dt = \int_0^\infty \frac{1}{z} \left[\frac{d}{dt}(t^z e^{-t}) + t^z e^{-t} \right] dt = \frac{\Gamma(z+1)}{z} \tag{20.2}$$

が成り立ちます. また, $\Gamma(1) = 1$ ですので, 自然数 n に対して,

$$\Gamma(n) = (n-1)!$$

が成り立ちます. ただし, $0! = 1$ とします. つまり, ガンマ関数は $n \mapsto (n-1)!$ を正則関数に拡張したものです. 自然数の集合 $\mathbb{N}$ は集積点をもちませんので, そのような正則関数が一意的だというわけではありません.

Γ の定義域についての注意です. 式 (20.1) は,

$$|\Gamma(x+iy)| \leq \int_0^\infty \left| t^{x-1} e^{-t} e^{iy \log t} \right| dt = \int_0^\infty t^{x-1} e^{-t} dt$$

より, $x > 0$ なら絶対収束です. 実際, Γ は $U = \{z \in \mathbb{C} | \mathrm{Re}\,(z) > 0\}$ 上で正則です. このことについては次のように考えればよいでしょう. まず, 自然数 n に対して,

$$f_n(z) = \int_{1/n}^n t^{z-1} e^{-t} dt$$

とすると, f_n は U 上で正則となります. 一般に $t \in [a,b]$ をパラメーターにもつ正則関数 $g_t : U \to \mathbb{C}$ について, $g : (t,z) \mapsto g_t(z)$ が連続関数となっているときは,

$$f(z) = \int_a^b g_t(z) dt$$

で定義される複素関数 $f : U \to \mathbb{C}$ も正則になることを示すことができます. $g_t(z) = t^{z-1} e^{-t}$ に対してこのことを用いれば, f_n は U 上で正則だとわかります. U 上の正則関数の列 $\{f_n\}_{n \in \mathbb{N}}$ を考えると, U 上で Γ に広義一様収束することを確かめることができるので, 第13話の [正則関数の広義一様収束列] より, Γ が U 上で正則だとわかります.

自然数 n と, $\mathrm{Re}\,(z) > 0$ をみたす複素数 z に対して,

$$\Gamma(z) = \frac{\Gamma(z+1)}{z} = \frac{\Gamma(z+2)}{z(z+1)} = \cdots = \frac{\Gamma(z+n)}{z(z+1)\cdots(z+n-1)}$$

が成り立ちます. 最右辺は, $z = 0, -1, \ldots, -(n-1)$ を除いて $\mathrm{Re}\,(z) > -n$ では正則ですので, この式によって Γ の定義域を, 正則関数として拡張することができます. $n \in \mathbb{N}$ は任意にとることができるので, Γ は $\mathbb{C} \setminus \{0, -1, -2, \ldots\}$ 上の正則関数として解析接続できることになります. $0, -1, \ldots$ はすべて 1 位の極で, $-n$ における留数は

$$\mathrm{Res}_{-n}(\Gamma) = \lim_{z \to -n} (z+n) \Gamma(z)$$

$$= \lim_{z \to -n} (z+n) \frac{\Gamma(z+n+1)}{z(z+1)\cdots(z+n-1)(z+n)} = \frac{(-1)^n}{n!}$$

です.

　半奇数の点におけるガンマ関数の値は, $\Gamma(1/2)$ を知っていれば, (20.2) から計算できます. そこで,

$$\Gamma\left(\frac{1}{2}\right) = \int_0^\infty t^{-1/2}e^{-t}dt$$

を計算しておきましょう. $t = x^2$ と変数変換すると,

$$\Gamma\left(\frac{1}{2}\right) = 2\int_0^\infty e^{-x^2}dx = \int_{-\infty}^\infty e^{-x^2}dx$$

となります. これはガウス積分とよばれていて, 値は $\sqrt{\pi}$ となります.

ガウス積分

定積分

$$\int_{-\infty}^\infty e^{-x^2}dx$$

の値は $\sqrt{\pi}$ となる.

[証明] 積分の値を I とおきます.

$$I^2 = \int_{-\infty}^\infty e^{-x^2}dx \int_{-\infty}^\infty e^{-y^2}dy = 4\int_0^\infty e^{-x^2}\left(\int_0^\infty e^{-y^2}dy\right)dx$$

において, y で積分するときに, x を定数とみなして $y = sx$ と変数変換すると,

$$I^2 = 4\int_0^\infty e^{-x^2}\left(x\int_0^\infty e^{-s^2x^2}ds\right)dx = 4\int_0^\infty\left(x\int_0^\infty e^{-(1+s^2)x^2}ds\right)dx$$

$$= 4\int_0^\infty\left(\int_0^\infty xe^{-(1+s^2)x^2}dx\right)ds$$

です. 今度は x で積分するときに, s を定数とみなして $x = \sqrt{t/(1+s^2)}$ と変数変換すると,

$$I^2 = 4\int_0^\infty\left(\int_0^\infty \frac{e^{-t}}{2(1+s^2)}dt\right)ds = 2\int_0^\infty \frac{ds}{1+s^2}$$

$$= 2\int_0^\infty \frac{d\tan\theta}{1+\tan^2\theta} = 2\int_0^{\pi/2} d\theta = \pi$$

となります. ∎

　これをもとにすれば, 自然数 m に対して

$$\Gamma\left(\frac{1}{2}+m\right) = \frac{(2m)!}{4^m m!}\sqrt{\pi}, \quad \Gamma\left(\frac{1}{2}-m\right) = \frac{(-4)^m m!}{(2m)!}\sqrt{\pi} \tag{20.3}$$

となることが計算できます.

　ガンマ関数を用いて, 大きな自然数 n に対する $n!$ の漸近形を求めてみましょう. 自然数 n に対して,

$$n! = \Gamma(n+1) = \int_0^\infty t^n e^{-t} dt \tag{20.4}$$

を考えます. $t = n(s+1)$ と変数変換し,

$$n! = n^{n+1} e^{-n} \int_{-1}^\infty e^{-nf(s)} ds,$$

$$f(s) = s + \log(1+s)$$

としておきます. 指数関数の肩に乗っている関数

$$f(s) = s + \log(1+s)$$

は, $s < 0$ で単調減少, $s > 0$ で単調増加で, 最小値 $f(0) = 0$ をとります. 実数 $u \neq 0$ をとったとき,

$$u^2 = f(s)$$

をみたす s は 2 つあり, 正負のペアをなします. そこで, $u < 0$ なら $s < 0$ の解を, $u > 0$ なら $s > 0$ の解を対応させることにより, 関数 $g(u)$ が定義できます. ただし, $g(0) = 0$ とします. g は

$$u^2 = f(g(u)) \tag{20.5}$$

をみたすような連続な単調増加関数となっています.

　自然数 n に対して

$$u^2 = nf\left(g\left(n^{-1/2}u\right)\right)$$

が成り立ちます. 式 (20.4) の積分をするとき, $s = g(n^{-1/2}u)$ と変数変換することにより,

$$\begin{aligned}
n! &= n^{n+1} e^{-n} \int_{-1}^\infty e^{-nf(s)} ds \\
&= n^{n+1/2} e^{-n} \int_{-\infty}^\infty e^{-u^2} g'(n^{-1/2}u) du \\
&= n^{n+1/2} e^{-n} \int_{-\infty}^\infty e^{-u^2} h(n^{-1/2}u) du \tag{20.6}
\end{aligned}$$

としておきます. ただし

$$h(u) = \frac{g'(u) + g'(-u)}{2}$$

は, g' を偶関数と奇関数の和に分解したときの偶関数成分です. 奇関数の成分は積分に寄与しないことに注意しましょう. g の導関数は (20.5) の両辺を u で微分して,

$$2u = f'(g(u))g'(u) = \frac{g(u)g'(u)}{1 + g(u)}$$

より求めることができて,

$$g'(u) = 2u\left(1 + \frac{1}{g(u)}\right), \quad h(u) = \frac{u}{g(u)} - \frac{u}{g(-u)}$$

となります. $u = 0$ における値は

$$h(0) = g'(0) = \sqrt{2}$$

です. 関数 $g(u)$ は, $u \to -\infty$ で定数関数 -1 に, $u \to \infty$ では u^2 に漸近しますので, $h(u)$ は $|u| \to \infty$ で $|u|$ に漸近します. 関数 h をもう少し詳しく調べると, 不等式

$$\sqrt{2} + |u| \leq h(u) \leq \sqrt{2} + |u| + |u^3|$$

が成り立つこともわかります. これから, 先ほどの式 (20.6) の積分は,

$$\int_{-\infty}^{\infty} e^{-u^2}\left(\sqrt{2} + \frac{|u|}{n^{1/2}}\right) du < \int_{-\infty}^{\infty} e^{-u^2} h(n^{-1/2}u) du$$
$$< \int_{-\infty}^{\infty} e^{-u^2}\left(\frac{e}{\sqrt{\pi}} + \frac{|u|}{n^{1/2}} + \frac{|u|^3}{n^{3/2}}\right) du$$

という評価ができ, これから

$$\sqrt{2\pi} + \frac{1}{n^{1/2}} < \frac{n!}{n^{n+1/2}e^{-n}} < \sqrt{2\pi} + \frac{1}{n^{1/2}} + \frac{1}{n^{3/2}}$$

という不等式をえます. $n \to \infty$ の極限をとると, 次がえられます.

スターリングの公式

$n!$ について,

$$\lim_{n\to\infty} \frac{n!}{\sqrt{2\pi n}}\left(\frac{e}{n}\right)^n = 1$$

が成り立つ.

同じ意味で,

$$n! \sim \sqrt{2\pi n} \left(\frac{n}{e}\right)^n \quad (n \to \infty)$$

と書くこともあります. 対数をとって,

$$\log n! \sim n \log n - n + \log \sqrt{2\pi n} \quad (n \to \infty)$$

としてもよいです.

　一段落したところで, 熱放射の公式を導くのに必要な積分についての話をしましょう. 物体を熱していくと, さまざまな波長の電磁波を放射するようになります. 温度を上げると, 波長の短い電磁波が多く放射され, 赤や橙色に光るようになります. そのような現象を熱放射といいます. 化学反応による発光とは別のものです. 熱放射のスペクトルは, 物体によって異なります. 黒い物体ほど多くの電磁波が放射されます. 物体に電磁波を当てると, その一部は物体に吸収され, 物体の熱エネルギーになります. 黒い物体というのは, 電磁波の吸収率の高いもののことです. 吸収率は, 物体の温度と電磁波の波長によります. 温度によらず, すべての波長にわたって吸収率が 1 の, つまり電磁波をすべて吸収して熱エネルギーに変える仮想的な物体のことを, 黒体とよびます. 熱力学的な議論から, 熱平衡状態にある黒体は, 温度のみに依存するスペクトルの電磁波を放射することがわかります. 量子力学と統計力学を用いると, そのスペクトルの形が

$$I(\nu, T) = \frac{2h\nu^3}{c^2} \frac{1}{e^{h\nu/(kT)} - 1}$$

のように導けます. ただし, h はプランク定数, c は光速度, k はボルツマン定数です. これは, 温度 T の黒体の表面から放射される, 周波数 ν の電磁波の, 単位周波数領域当たり, 単位立体角当たりのエネルギーの流量です. 立体角と周波数について積分することにより, 温度 T の黒体の表面の, 単位面積当たり, 単位時間当たりに放射される電磁波のエネルギーが,

$$J(T) = \pi \int_0^\infty I(\nu, T) d\nu = \sigma T^4,$$
$$\sigma = \frac{2\pi k^4}{h^3 c^2} \int_0^\infty \frac{x^3}{e^x - 1} dx$$

と計算されます. 黒体の放射エネルギーが温度の 4 乗に比例しているという, シュテファン・ボルツマン則として知られています. 比例定数 σ はシュテファン・ボルツマン定数といいます. 一般の物体では $J(T) < \sigma T^4$ です.

　ここからは，シュテファン・ボルツマン定数に含まれる定積分についての話を少ししてみたいと思います．

　一般に，n を 2 以上の自然数として定積分

$$I_n = \int_0^\infty \frac{x^{n-1}}{e^x - 1} dx$$

を考えます．ボーズ積分とよばれるものです．被積分関数は等比級数の形に書けて，

$$I_n = \int_0^\infty x^{n-1} \sum_{k=1}^\infty e^{-kx} dx$$

とできます．今の場合，無限和と積分の順序は交換できて，

$$I_n = \sum_{k=1}^\infty \int_0^\infty x^{n-1} e^{-kx} dx$$

となります．この積分は，$x = y/k$ と変数変換すると，

$$\int_0^\infty x^{n-1} e^{-kx} dx = \frac{1}{k^n} \int_0^\infty y^{n-1} e^{-y} dy = \frac{\Gamma(n)}{k^n}$$

とガンマ関数であらわせます．つまり，ボーズ積分は

$$\int_0^\infty \frac{x^{n-1}}{e^x - 1} dx = \Gamma(n) \sum_{k=1}^\infty \frac{1}{k^n} \tag{20.7}$$

という無限級数になります．シュテファン・ボルツマン定数を求めるためには，$n = 4$ の場合

$$\sum_{k=1}^\infty \frac{1}{k^4} = 1 + \frac{1}{2^4} + \frac{1}{3^4} + \frac{1}{4^4} + \cdots$$

がわかればよいです．

［定義］　ゼータ関数

$\mathrm{Re}\,(z) > 1$ に対して

$$\zeta(z) = \sum_{k=1}^n \frac{1}{k^z}$$

によって定義される正則関数を，ゼータ関数という．

　ζ の正則性を確かめておきましょう．$\mathrm{Re}\,(z) > 1$ の領域で対数関数は 1 価の

正則関数なので, 自然数 k に対して,

$$\frac{1}{k^{x+iy}} = e^{-x \log k} e^{-iy \log k}$$

は $z = x + iy$ の正則関数となります. 有限和

$$f_n(z) = \sum_{k=1}^{n} \frac{1}{k^z}$$

も正則です. $\mathrm{Re}\,(z) > 1$ で定義された正則関数の列 $\{f_n\}_{n \in \mathbb{N}}$ を考えましょう. K を $\mathrm{Re}\,(z) > 1$ 内の任意の閉円板とすると, $a > 1$ をみたす実数 a がとれて, K 上 のすべての点 z に対して $\mathrm{Re}\,(z) > a$ が成り立つようにできます. $z = x + iy \in K$ とすると,

$$|f_n(z)| \le \sum_{k=1}^{n} \left| \frac{1}{k^z} \right| = \sum_{k=1}^{n} \frac{1}{k^x} < \sum_{k=1}^{n} \frac{1}{k^a}$$

です. 最右辺は積分でおさえて,

$$\sum_{k=1}^{n} \frac{1}{k^a} < 1 + \int_{1}^{n} \frac{1}{x^a} dx = \frac{a}{a-1} - \frac{1}{(a-1)n^{a-1}}$$

とできるので, $n \to \infty$ で収束します. このことと第5話の［ワイエルシュトラ スの判定法］より, $\{f_n\}_{n \in \mathbb{N}}$ は K 上で一様収束します. $\mathrm{Re}\,(z) > 1$ 内の閉円板 K は任意なので, $\{f_n\}_{n \in \mathbb{N}}$ は $\mathrm{Re}\,(z) > 1$ で広義一様収束することになり, 第13 話の［正則関数の広義一様収束列］より, 極限の関数 ζ は $\mathrm{Re}\,(z) > 1$ で正則だ ということが確かめられました.

ボーズ積分の表式 (20.7) において, n を複素数 z におきかえたものを考えて みましょう. 公式 (20.7) を導く過程を振り返ってみると, 無限和と積分の順序 を交換する操作が, 微妙なところとなっています. この交換操作は, $\mathrm{Re}\,(z) > 1$ なら正当化できて,

$$\zeta(z) = \frac{1}{\Gamma(z)} \int_{0}^{\infty} \frac{x^{z-1}}{e^x - 1} dx \tag{20.8}$$

と表示することができます. この表示をもとに, 解析接続してみましょう.

上式 (20.8) の積分を, $\mathrm{Re}\,(z) \le 1$ の場合に拡張したとき, $x = 0$ の近傍の寄与 が積分の発散を招く可能性があります. そこで, 被積分関数を級数展開しておき ます.

[定義] ベルヌーイ数

ベルヌーイ数 $b_0, b_1, \ldots$ を級数展開

$$\frac{x}{e^x - 1} = \sum_{k=0}^{\infty} \frac{b_k}{k!} x^k \tag{20.9}$$

によって定義する.

$x/(e^x - 1) = 1 - x/2 + \sum_{m=1}^{\infty} (-1)^{m+1} B_m x^{2m}/(2m)!$ にあらわれる B_m を
ベルヌーイ数とよぶ場合もあります.

ベルヌーイ数は,

$$x = (e^x - 1) \sum_{k=0}^{\infty} \frac{b_k}{k!} x^k = \sum_{j=1}^{\infty} \frac{x^j}{j!} \sum_{k=0}^{\infty} \frac{b_k}{k!} x^k$$

$$= \sum_{s=1}^{\infty} \sum_{k=0}^{s-1} \frac{b_k}{k!(s-k)!} x^s$$

より計算できます. 両辺を比べて,

$$\frac{b_0}{0!1!} = 1, \quad \frac{b_0}{0!2!} + \frac{b_1}{1!1!} = 0, \quad \frac{b_0}{0!3!} + \frac{b_1}{1!2!} + \frac{b_2}{2!1!} = 0,$$

$$\frac{b_0}{0!4!} + \frac{b_1}{1!3!} + \frac{b_2}{2!2!} + \frac{b_3}{3!1!} = 0, \ldots$$

などにより,

k	0	1	2	3	4	5	6	7	$\cdots$
b_k	1	$-\frac{1}{2}$	$\frac{1}{6}$	0	$-\frac{1}{30}$	0	$\frac{1}{42}$	0	$\cdots$

と逐次的に求めることができます. これらはすべて有理数で, $k = 3, 5, 7, \ldots$ に
対して $b_k = 0$ となります. ベルヌーイ数の生成関数 $z \mapsto z/(e^z - 1)$ の, $z = 0$
に最も近い極は $z = 2\pi i$ なので, $z = 0$ のまわりのローラン級数展開 (20.9) の
収束半径は 2π です. 第5話の［コーシー・アダマールの公式］より,

$$\varlimsup_{k \to \infty} \left| \frac{b_k}{k!} \right|^{1/k} = \frac{1}{2\pi} \tag{20.10}$$

が成り立つこともわかります.

式 (20.8) の積分の, $x \in (0, 1)$ による寄与は,

$$h(z) = \int_0^1 \frac{x^{z-1}}{e^x - 1} dx = \int_0^1 x^{z-2} \sum_{k=0}^{\infty} \frac{b_k}{k!} x^k dx$$

$$= \int_0^1 \left(x^{z-2} - \frac{x^{z-1}}{2} \right) dx + \int_0^1 \sum_{m=1}^\infty \frac{b_{2m}}{(2m)!} x^{z+2m-2} dx$$

となり，項別積分して

$$\int_0^1 \frac{x^{z-1}}{e^x - 1} dx = \frac{1}{z-1} - \frac{1}{2z} + \sum_{m=1}^\infty \frac{b_{2m}}{(2m)!(z+2m-1)}$$

となります．複素平面の任意の閉円板を K とします．最後の無限級数は，(20.10)
の評価式を用いると，等比級数でおさえることができるので，K 上で一様収束
です．正則関数列のときと同様に，$\mathbb{C}$ 上の有理型関数からなる級数が，任意の閉
円板上で有限項を除いて一様収束するとき，極限の関数は $\mathbb{C}$ 上の有理型関数に
なります．このことを用いると，

$$z \mapsto h(z) = \int_0^1 \frac{x^{z-1}}{e^x - 1} dx$$

は，$\mathbb{C}$ 上の有理型関数で，それぞれ 1 位の極 $1, 0, -1, -3, -5, \ldots$ をもつことが
わかります．

一方，

$$z \mapsto \int_1^\infty \frac{x^{z-1}}{e^x - 1} dx$$

は整関数，つまり $\mathbb{C}$ 上の正則関数となります．

ゼータ関数は，これらの積分にガンマ関数の逆数を乗じたものになっています．
Γ は，$0, -1, -2, \ldots$ に 1 位の極をもち，それぞれの極における留数が $(-1)^n/n!$
という形をしていたことを思い出しましょう．このことから，

$$\zeta(0) = \lim_{z \to 0} \frac{h(z)}{\Gamma(z)} = -\frac{1}{2},$$

$$\zeta(-2m) = 0, \quad \zeta(1-2m) = \lim_{z \to 1-2m} \frac{h(z)}{\Gamma(z)} = -\frac{b_{2m}}{2m} \quad (m = 1, 2, 3, \ldots)$$

がわかります．さらに，ここでは示しませんでしたが，Γ はゼロ点をもちません．
これらのことを総合して次のことがいえます．

ゼータ関数の解析接続

$$\zeta(z) = \frac{1}{\Gamma(z)} \int_0^\infty \frac{x^{z-1}}{e^x - 1} dx$$

は $\mathbb{C}$ 上の有理型関数で，$z = 1$ に 1 位のただ 1 つの極をもち，留数 1 をも

つ．また，実軸の非正の整数における値は，

$$\zeta(0) = -\frac{1}{2},$$

$$\zeta(-2m) = 0, \quad \zeta(1-2m) = -\frac{b_{2m}}{2m} \quad (m = 1, 2, 3, \ldots)$$

であたえられる．

　　上で述べたゼロ点は，ゼータ関数の自明なゼロ点といい，それ以外のゼロ点のことを，非自明なゼロ点といいます．ゼータ関数のすべての非自明なゼロ点は，$z = 1/2 + iy$ という形をもつだろうということが多くの数学者によって信じられていて，リーマン予想として知られています．

　　よく，

$$1 + 2 + 3 + 4 + \cdots = -\frac{1}{12}$$

というキャッチーな式を見かけます．これはもちろん，$\zeta(-1) = -b_2/2$ を意味する暗号のようなものです．

　　次に，正の偶数 $2m$ に対して $\zeta(2m)$ を求めてみましょう．1つのやり方は，正弦関数の無限積表示

$$\sin z = z \prod_{k=1}^{\infty} \left(1 - \frac{z^2}{\pi^2 k^2}\right)$$

を用いるものです．両辺の対数をとってから微分すると，

$$z \cot z = 1 - 2 \sum_{m=1}^{\infty} \zeta(2m) \left(\frac{z}{\pi}\right)^{2m}$$

となります．一方，$z \cot z$ を普通にテイラー級数展開すると，

$$z \cot z = 1 + \sum_{m=1}^{\infty} (-1)^m \frac{b_{2m}}{(2m)!} (2z)^{2m}$$

となるので，係数の比較により $\zeta(2m)$ が求まります．

　　もう1つの方法は，関係式

$$\pi^{-z/2} \Gamma\left(\frac{z}{2}\right) \zeta(z) = \pi^{-(1-z)/2} \Gamma\left(\frac{1-z}{2}\right) \zeta(1-z)$$

を用いるものです．こちらの方法を試してみましょう．

[定義]　テータ関数

複素平面の上半平面 $H_+ = \{z \in \mathbb{C} | \mathrm{Im}\,(z) > 0\}$ 上の関数 $\theta : H_+ \to \mathbb{C}$ を,

$$\theta(z) = \sum_{n \in \mathbb{Z}} e^{in^2 \pi z}$$

によってさだめ, テータ関数とよぶ.

　テータ関数の定義となっている無限級数は, H_+ 上で広義一様収束して正則関数となります. これが

$$\theta\left(-\frac{1}{z}\right) = (-iz)^{1/2}\theta(z)$$

という関係式をみたすことが示せます. そのためには, 次のポアソンの和公式を用います.

ポアソンの和公式

$f : \mathbb{R} \to \mathbb{C}$ が絶対可積分かつ連続微分可能で, 無限級数

$$\sum_{n \in \mathbb{Z}} f(t + n), \quad \sum_{n \in \mathbb{Z}} f'(t + n)$$

が $\mathbb{R}$ 上でともに一様収束するなら,

$$\sum_{n \in \mathbb{Z}} f(n) = \sum_{n \in \mathbb{Z}} \int_{-\infty}^{\infty} f(t)e^{2\pi int}dt$$

が成り立つ.

[証明]　関数

$$g(t) = \sum_{n \in \mathbb{Z}} f(t + n)$$

は, 周期 1 の連続微分可能な関数です. 周期 1 の連続微分可能な関数は,

$$g(t) = \sum_{n \in \mathbb{Z}} a_n e^{-2\pi int}, \quad a_n = \int_0^1 g(s)e^{2\pi ins}ds \quad (n \in \mathbb{Z})$$

という形に書けることを用います. この形を g のフーリエ級数といいます. これから,

$$g(0) = \sum_{n \in \mathbb{Z}} f(n) = \sum_{n \in \mathbb{Z}} a_n$$

ですので，あとは F を f のフーリエ変換として，$n \in \mathbb{Z}$ に対して，$a_n = \sqrt{2\pi}F(2\pi n)$ となっていること示せばよいです．それは，以下のように確かめられます．

$$
\begin{aligned}
a_n &= \int_0^1 g(s)e^{2\pi ins}ds = \int_0^1 \sum_{m\in\mathbb{Z}} f(s+m)e^{2\pi ins}ds \\
&= \sum_{m\in\mathbb{Z}} \int_m^{m+1} f(t)e^{2\pi in(t-m)}dt = \sum_{m\in\mathbb{Z}} \int_m^{m+1} f(t)e^{2\pi int}dt \\
&= \int_{-\infty}^{\infty} f(t)e^{2\pi int}dt.
\end{aligned}
$$

この結果から，次がいえます．

テータ関数の関係式

$z \in H_+$ に対して

$$
\theta\left(-\frac{1}{z}\right) = (-iz)^{1/2}\theta(z)
$$

が成り立つ．

[証明] a を正数として，$f(t) = e^{-at^2}$ にポアソンの和公式を用います．［ガウス積分］より，f のフーリエ変換は，

$$
F(\omega) = \frac{1}{\sqrt{2\pi}} \int_{-\infty}^{\infty} e^{-at^2}e^{i\omega t} = \frac{e^{-\omega^2/(4a)}}{\sqrt{2a}}
$$

となりますので，

$$
\sum_{n\in\mathbb{Z}} e^{-an^2} = \sqrt{\frac{\pi}{a}} \sum_{n\in\mathbb{Z}} e^{-\pi^2 n^2/a}
$$

が成り立ちます．$a = \pi y$ とおきなおすと，

$$
\sum_{n\in\mathbb{Z}} e^{-n^2\pi y} = \frac{1}{\sqrt{y}} \sum_{n\in\mathbb{Z}} e^{-n^2\pi/y}
$$

となって，これは，

$$
\theta(iy) = \frac{1}{\sqrt{-i(iy)}}\theta\left(-\frac{1}{iy}\right)
$$

を意味します．H_+ 上の2つの正則関数 $\theta(-1/z)$, $(-iz)^{1/2}\theta(z)$ は，$\{iy \in \mathbb{C} | y >$

0} 上で一致するので, 第 12 話の [一致の定理 II] より, それらは H_+ 上で一致します. ∎

次に, $\omega : \mathbb{R}_+ = \{x \in \mathbb{R} | x > 0\} \to \mathbb{R}$ を

$$\omega(x) = \sum_{k=1}^{\infty} e^{-k^2 \pi x} = \frac{\theta(ix) - 1}{2}$$

によってさだめます. [テータ関数の関係式] より,

$$\omega\left(\frac{1}{x}\right) = \sqrt{x}\,\omega(x) + \frac{\sqrt{x} - 1}{2} \tag{20.11}$$

が成り立つことがわかります.

$\mathrm{Re}\,(z) > 0$ をみたす複素数 z に対して

$$\begin{aligned}
\int_0^\infty \omega(x) x^{z/2-1} dx &= \sum_{k=1}^{\infty} \int_0^\infty x^{z/2-1} e^{-k^2 \pi x} dx \\
&= \sum_{k=1}^{\infty} \frac{1}{(k^2 \pi)^{z/2}} \int_0^\infty (k^2 \pi x)^{z/2-1} e^{-k^2 \pi x} d(k^2 \pi x) \\
&= \pi^{-z/2} \zeta(z) \Gamma\left(\frac{z}{2}\right)
\end{aligned}$$

が成り立ちます. これを用いて, 次を示すことができます.

ゼータ関数の関係式

$z \in \mathbb{C} \setminus \{0, 1\}$ に対して,

$$\pi^{-z/2} \Gamma\left(\frac{z}{2}\right) \zeta(z) = \pi^{-(1-z)/2} \Gamma\left(\frac{1-z}{2}\right) \zeta(1-z)$$

が成り立つ.

[証明] $\mathrm{Re}\,(z) > 1$ をみたす複素数 z に対して次の積分を考え, 変数変換 $x = 1/y$ を行ったのち, 関係式 (20.11) を用いて以下のように変形します.

$$\begin{aligned}
&\int_0^1 \omega(x) x^{z/2-1} dx \\
&= \int_1^\infty \omega\left(\frac{1}{y}\right) y^{-z/2-1} dy \\
&= \int_1^\infty \omega(y) y^{-z/2-1/2} dy + \frac{1}{2} \int_1^\infty \left(y^{-z/2-1/2} - y^{-z/2-1}\right) dy \\
&= \int_1^\infty \omega(x) x^{(1-z)/2-1} dx - \frac{1}{z(1-z)}.
\end{aligned}$$

これから,

$$\pi^{-z/2}\Gamma\left(\frac{z}{2}\right)\zeta(z) = \int_1^\infty \omega(x)\left(x^{z/2-1} + x^{(1-z)/2-1}\right)dx - \frac{1}{z(1-z)}$$

がしたがいます. この関係式は, $z \in \mathbb{C} \setminus \{0, 1\}$ ならば成り立つことになります. 右辺は, $z \mapsto 1 - z$ としても不変なので, 左辺も不変ということになります. ∎

これから, 正の偶数 $2m$ に対して $\zeta(2m)$ の表式

$$\zeta(2m) = \frac{\pi^{2m-1/2}\Gamma\left(\dfrac{1-2m}{2}\right)\zeta(1-2m)}{\Gamma(m)}$$

がえられます. 式 (20.3) を用いて, 次のようになります.

正の偶数の点におけるゼータ関数の値

正の偶数の点におけるゼータ関数の値は,

$$\zeta(2m) = \frac{(-1)^{m+1}(2\pi)^{2m}b_{2m}}{2(2m)!} \quad (m = 1, 2, \dots)$$

であたえられる.

これで, シュテファン・ボルツマン定数の値が計算できるようになりました.

$$\int_0^\infty \frac{x^3}{e^x - 1}dx = \Gamma(4)\zeta(4) = 3! \cdot \frac{(-1)(2\pi)^4 b_4}{2 \cdot 4!} = \frac{\pi^4}{15}$$

ですので,

$$\sigma = \frac{2\pi^5 k^4}{15h^3 c^2}$$

となります.

なお, 時間の単位として 1 s がある方法でさだめられており, 光速度が

$$c = 299792458\ \frac{\mathrm{m}}{\mathrm{s}}$$

となるように, 距離の単位 m が定義されます. また, プランク定数が

$$h = 6.62607015 \times 10^{-34}\ \frac{\mathrm{kg \cdot m^2}}{\mathrm{s}}$$

となるように, 質量の単位 kg が定義されており, ボルツマン定数が

$$k = 1.380649 \times 10^{-23}\ \frac{\mathrm{kg \cdot m^2}}{\mathrm{s^2 \cdot K}}$$

となるように, 温度の単位 K が定義されています. したがって, 現在の単位系で

σ/π^5 の値は, 定義によって有理数となり,

$$\frac{\sigma}{\pi^5} \bigg/ \left(\frac{\mathrm{kg}}{\mathrm{s}^3 \cdot \mathrm{K}^4}\right) = \frac{54547819842105129949520000000}{29438455734650141042413712126365436049}$$

$$= \frac{2^9 \cdot 5^6 \cdot 73^2 \cdot 18913^4}{3^4 \cdot 7^5 \cdot 293339^2 \cdot 6310543^3}$$

であたえられます. もちろん, これに数論的な意味はありません.

文　　献

1) 辻正次, 小松勇作 編, 『大学演習 函数論』(裳華房, 1959)

2) H. カルタン (高橋禮司 訳), 『複素函数論』(岩波書店, 1965)

3) L. V. アールフォルス (笠原乾吉 訳), 『複素解析』(現代数学社, 1982)

4) 高橋礼司, 『新版 複素解析』(東京大学出版会, 1990)

5) 小平邦彦, 『複素解析』(岩波書店, 1991)

6) 堀川穎二, 『複素関数論の要諦』(日本評論社, 2003)

7) 相川弘明, 『複素関数入門』(共立出版, 2016)

8) E. M. スタイン, R. シャカルチ (新井仁之, 杉本充, 高木啓行, 千原浩之 訳), 『複素解析』(日本評論社, 2009)

9) T. A. Driscoll, L. N. Trefethen, *Schwarz-Christoffel Mapping* (Cambridge Univ. Press, 2002)

10) 巽友正, 『流体力学』(培風館, 1982)

11) E. C. Titchmarsh, *Introduction to the Theory of Fourier Integrals Second Edition* (Oxford Univ. Press, 1948)

12) J.-P. セール (彌永健一 訳), 『数論講義』(岩波書店, 1979)

索　引

著者略歴

井田大輔
（いだ だいすけ）

1972年　鳥取県に生まれる
2001年　京都大学大学院理学研究科博士課程修了
現　在　学習院大学理学部教授
　　　　博士（理学）

シリーズ〈物理数学20話〉
複素関数 20 話　　　　　　　　定価はカバーに表示

2023年11月1日　初版第1刷

著　者　井　田　大　輔

発行者　朝　倉　誠　造

発行所　株式会社　朝　倉　書　店

東京都新宿区新小川町6-29
郵便番号　162-8707
電　話　03（3260）0141
ＦＡＸ　03（3260）0180
https://www.asakura.co.jp

〈検印省略〉

中央印刷・渡辺製本

惑星探査とやさしい微積分 I ―宇宙科学の発展と数学の準備―

A.J. Hahn(著) ／狩野 覚・春日 隆 (訳)

A5 判／248 頁　978-4-254-15023-0 C3044　定価 4,290 円（本体 3,900 円＋税）
AJ Hahn: Basic Calculus of Planetary Orbits and Interplanetary Flight: The Missions of the Voyagers, Cassini, and Juno (2020) を 2 分冊で邦訳。I 巻では惑星軌道の理解と探査の歴史，数学的基礎を学ぶ。

惑星探査とやさしい微積分 II ―重力による運動・探査機の軌道―

A.J. Hahn(著) ／狩野 覚・春日 隆 (訳)

A5 判／200 頁　978-4-254-15024-7 C3044　定価 3,850 円（本体 3,500 円＋税）
歴史と数学的基礎を解説した I 巻につづき，楕円軌道と双曲線軌道の運動の理論に注目。惑星運動に関する理解を深め，Voyager, Cassini などによる惑星探査ミッションにおける宇宙機の軌道，ターゲット天体へ誘導する複雑な局面を論じる。

数論入門事典

加藤 文元・砂田 利一 (編)

A5 判／640 頁　978-4-254-11159-0 C3541　定価 11,000 円（本体 10,000 円＋税）
数論の基礎概念，展開，歴史を一冊で学ぶ事典。〔内容〕数と演算／アルゴリズム／素数／素数分布／整数論的関数／原始根／平方剰余／二次形式／無限級数／π／ゼータ関数／ヴェイユ予想／代数方程式の解法／ディオファントス方程式／代数的整数論／p進数／類体論／周期／多重ゼータ値／楕円曲線／アラケロフ幾何／保型形式／モジュラー形式／ラングランズプログラム／古代エジプトの数学／プリンプトン322／オイラー／ディリクレ／リーマン／ラマヌジャン／高木貞治／他。

幾何学入門事典

砂田 利一・加藤 文元 (編)

A5 判／600 頁　978-4-254-11158-3 C3541　定価 11,000 円（本体 10,000 円＋税）
現代幾何学の基礎概念と展開を1冊で学ぶ。〔内容〕向き／曲線論と曲面論／面積・体積・測度／多様体：高次元の曲がった空間／時間・空間の幾何学／非ユークリッド幾何／多面体定理からトポロジーへ／測地線・モース理論／微分位相幾何学／群と対称性／三角法・三角関数／微分位相幾何学／次元／折り紙の数学／ベクトル場と微分形式／ポアンカレ予想／ホモロジー／ゲージ理論とヤン－ミルズ接続／代数幾何学／ユークリッド／ギリシャ幾何学の発展／リーマン／小平邦彦／他。

物理学者，機械学習を使う ―機械学習・深層学習の物理学への応用―

橋本 幸士 (編)

A5 判／212 頁　978-4-254-13129-1 C3042　定価 3,850 円（本体 3,500 円＋税）
機械学習を使って物理学で何ができるのか。物性，統計物理，量子情報，素粒子・宇宙の4 部構成。〔内容〕機械学習，深層学習が物理に何を起こそうとしているか／波動関数の解析／量子アニーリング／中性子星と核物質／超弦理論／他

シリーズ〈理論物理の探究〉1 重力波・摂動論

中野 寛之・佐合 紀親 (著)

A5 判／272 頁　978-4-254-13531-2 C3342　定価 4,290 円（本体 3,900 円＋税）

アインシュタイン方程式を解析的に解く。ていねいな論理展開、式変形を追うことで確実に理解。付録も充実。〔内容〕序論／重力波／Schwarzschild ブラックホール摂動／Kerr ブラックホール摂動

Python と Q#で学ぶ量子コンピューティング

S. Kaiser・C. Granade(著) ／黒川 利明 (訳)

A5 判／344 頁　978-4-254-12268-8 C3004　定価 4,950 円（本体 4,500 円＋税）

量子コンピューティングとは何か、実際にコードを書きながら身に着ける。〔内容〕基礎（Qubit, 乱数, 秘密鍵, 非局在ゲーム, データ移動）／アルゴリズム（オッズ, センシング）／応用（化学計算, データベース探索, 算術演算）。

強光子場分子科学

山内 薫 (編著)

A5 判／472 頁　978-4-254-14108-5 C3043　定価 9,350 円（本体 8,500 円＋税）

強い光の場での原子と分子のダイナミクスと新しい分子科学の展開〔内容〕原子・分子とレーザーの相互作用/原子のイオン化/分子のイオン化と解離/分子のアラインメント/分子制御/原子のイオン化と再衝突およびアト秒パルス発生/電子散乱と電子回折/高次高調波と自由電子レーザーによる展開

新・物性物理入門

塩見 雄毅 (著)

A5 判／216 頁　978-4-254-13149-9 C3042　定価 3,520 円（本体 3,200 円＋税）

初歩から新しい話題までを解説した物性物理学（固体物理学）の教科書。基礎物理の理解が完全ではない状態でも独習できるよう丁寧に解説。〔内容〕物性物理学の対象／固体の比熱／格子振動とフォノン／自由電子論／結晶構造と逆格子／バンド理論／外場に対する電子の応答／半導体／外部磁場下での輸送現象／磁性／超伝導。

素粒子物理学講義

山田 作衛 (著)

A5 判／368 頁　978-4-254-13142-0 C3042　定価 6,600 円（本体 6,000 円＋税）

素粒子物理学の入門書。初めて学ぶ人にも分かりやすいよう、基本からニュートリノ振動やヒッグス粒子までを網羅。〔内容〕究極の階層—素粒子／素粒子とその反応の分類／相対論的場の理論の基礎／電磁相互作用／加速器と測定器の基礎／他。

現代解析力学入門

井田 大輔 (著)

A5 判／240 頁　978-4-254-13132-1　C3042　定価 3,960 円（本体 3,600 円＋税）

最も素直な方法で解析力学を展開。難しい概念も，一歩引いた視点から，すっきりとした言葉で，論理的にクリアに説明。Caratheodory-Jacobi-Lie の定理など，他書では見つからない話題も豊富。

現代量子力学入門

井田 大輔 (著)

A5 判／216 頁　978-4-254-13140-6　C3042　定価 3,630 円（本体 3,300 円＋税）

シュレーディンガー方程式を解かない量子力学の教科書。量子力学とは何かについて，落ち着いて考えてみたい人のための書。グリーソンの定理，超選択則，スピン統計定理など，少しふみこんだ話題について詳しく解説。

現代相対性理論入門

井田 大輔 (著)

A5 判／240 頁　978-4-254-13143-7　C3042　定価 3,960 円（本体 3,600 円＋税）

多様体論など数学的な基礎を押さえて，一般相対論ならではの話題をとりあげる。局所的な理解にとどまらない，宇宙のトポロジー，特異点定理など時空の大域的構造の理解のために。平易な表現でエッセンスを伝える。

相対論と宇宙の事典

安東 正樹・白水 徹也 (編集幹事) ／浅田 秀樹・石橋 明浩・小林 努・真貝 寿明・早田 次郎・谷口 敬介 (編)

A5 判／432 頁　978-4-254-13128-4　C3542　定価 11,000 円（本体 10,000 円＋税）

誕生から100年あまりをすぎ，重力波の観測を受け，さらなる発展と応用の期待される相対論。その理論と実験・観測の両面から重要項目約100を取り上げた事典。各項目2〜4頁の読み切り形式で，専門外でもわかりやすく紹介。相対論に関心のあるすべての人へ。歴史的なトピックなどを扱ったコラムも充実。〔内容〕特殊相対性理論／一般相対性理論／ブラックホール／天体物理学／相対論的効果の観測・検証／重力波の観測／宇宙論・宇宙の大規模構造／アインシュタインを超えて。

ベリー位相とトポロジー ―現代の固体電子論―

D. ヴァンダービルト (著) ／倉本 義夫 (訳)

A5 判／404 頁　978-4-254-13141-3　C3042　定価 7,480 円（本体 6,800 円＋税）

現代の物性物理において重要なベリーの位相とトポロジーの手法を丁寧に解説。〔内容〕電荷・電流の不変性と量子化／電子構造論のまとめ／ベリー位相と曲率／電気分極／トポロジカル絶縁体と半金属／軌道磁化とアクシオン磁電結合／他。